异步图书
www.epubit.com

配套 PPT+ 视频

青少年编程魔法课堂

Python 零基础入门

无界少年 主编　陈义 刘昆 刘未昕 黄盛 编著

人民邮电出版社
北京

图书在版编目（CIP）数据

青少年编程魔法课堂 : Python零基础入门 / 无界少年主编 ; 陈义等编著. -- 北京 : 人民邮电出版社, 2023.6
ISBN 978-7-115-58499-1

Ⅰ. ①青… Ⅱ. ①无… ②陈… Ⅲ. ①软件工具—程序设计—青少年读物 Ⅳ. ①TP311.561-49

中国版本图书馆CIP数据核字(2022)第017969号

内 容 提 要

本书旨在引导孩子们通过解决日常生活中的问题，学习 Python 的基础知识，了解数据、信息之间的相互关系。

本书主要分为两大部分，第一部分介绍 Python 的基础知识，第二部分是 Python 竞赛题精讲与练习。本书通过通俗易懂的语言和形象生动的插图，帮助孩子快速掌握和理解 Python 的基础知识，逐步培养编程思维。

本书适合想要学习 Python 的孩子们，也适合老师、家长与孩子一起阅读学习。

◆ 主　　编　无界少年
编　　著　陈　义　刘　昆　刘未昕　黄　盛
责任编辑　赵祥妮
责任印制　陈　犇
◆ 人民邮电出版社出版发行　　北京市丰台区成寿寺路 11 号
邮编　100164　　电子邮件　315@ptpress.com.cn
网址　https://www.ptpress.com.cn
北京联兴盛业印刷股份有限公司印刷
◆ 开本：720×960　1/16
印张：14　　　　2023 年 6 月第 1 版
字数：147 千字　　　　2023 年 6 月北京第 1 次印刷

定价：59.90 元

读者服务热线：(010)81055410　印装质量热线：(010)81055316
反盗版热线：(010)81055315
广告经营许可证：京东市监广登字 20170147 号

孩子为什么要学编程

近年来，少儿编程在国内越来越热，越来越多的家长开始让孩子学习编程。但是仍然有不少家长对编程教育抱着迟疑态度，内心仍然有一种困惑：我不想让孩子长大做程序员，那孩子现在有必要学习编程吗？

面对家长的问题，通常我们会问家长：“你送孩子去学钢琴，是希望孩子成为职业钢琴家吗？送孩子去学围棋，是希望孩子成为职业棋手吗？”

编程学习也是一样的，并不一定只是为了孩子将来从事计算机行业做准备。

学习编程的最终目的不是都要成为程序员，任何研究领域、行业产业都需要通过自动化的手段来提高效率、质量，具有一定编程能力的人在与计算机打交道的时候也会有不一样的优势。因此，我们认为不应谈该不该培养这种基本能力，而应谈如何有效地培养。

少儿编程既可以培养孩子的综合素质（逻辑思维、创造力、团队合作、沟通能力、专注力等），又可以巩固和提高孩子语数外的能力（编程需要用到大量的数学知识，代码编写主要是用英文。编程的过程就是在训练如何用简洁的代码表达具有逻辑性的事情，这一点对写作很关键。有条理、有逻辑的中文写作能力即使在工作中也是非常重要的）。

为什么要创作本书

随着信息化社会的到来，科技已经成为我们日常生活中不可或缺的一部分。我们的孩子如何迎接即将到来的人工智能时代呢？学习编程可以让孩子从容地面对未来的挑战，Python 作为一门易上手的语言，非常适合作为零基础的孩子们学习的第一门编程语言。孩子们可以快速地体会到编程的乐趣，并领略编程的巨大魅力。

例如 Python 中有一个入门级的库叫作 turtle，也叫海龟库，它可以用来绘制很多有趣的图形。在我们的入门课程中，会教大家如何绘制非常漂亮的雪景图片，这其实涉及了艺术设计的范畴。

在创作本书的过程当中，根据以往的教学经验，我们深知如何在保持孩子们学习兴趣的前提下，最大程度地提升孩子们的编程技巧。在整个学习过程中，潜移默化地增强他们的逻辑思维能力、勇于尝试的勇气、团队协作的意识和有效的沟通能力。

本书的读者对象

本书是一本 Python 的入门图书。无论是零基础想学习编程的新手，还是想参加编程竞赛的“老手”，或者是编程教育的从业者，本书都适合你阅读和学习。赶紧行动起来吧，一起走进 Python 的奇妙世界！

相关资源

为了更好地向广大读者提供服务，我们提供了配套的 PPT 和视频。读者可登录“异步社区”网站，搜索本书书名，在本书详细页面的“配套资源”中下载。本书第二部分还提供了大量的竞赛真题供读者练习，并提供了参考解答。

无界少年

2023 年 3 月

目录

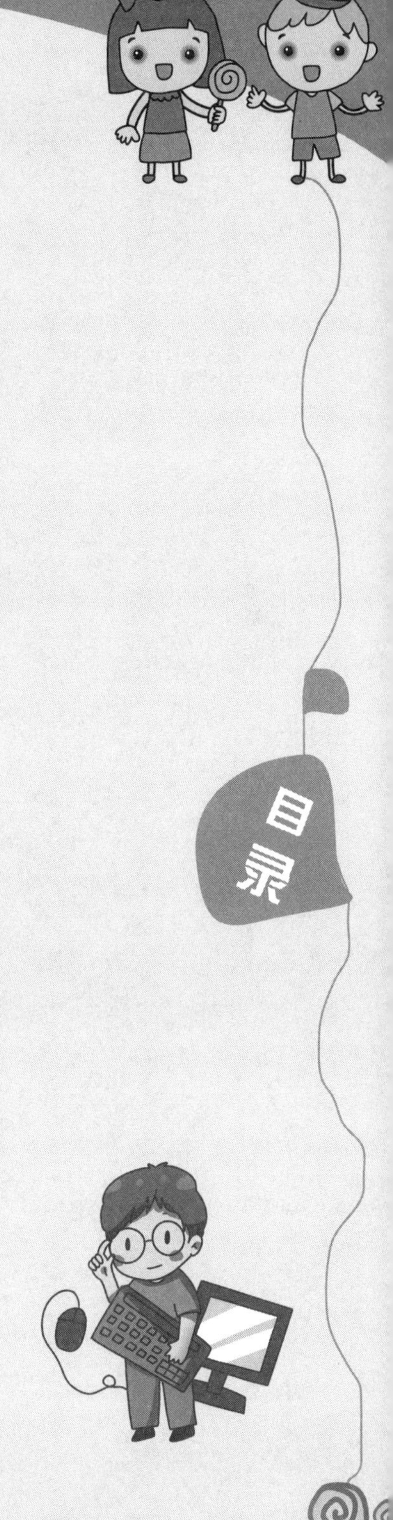
目录

目录

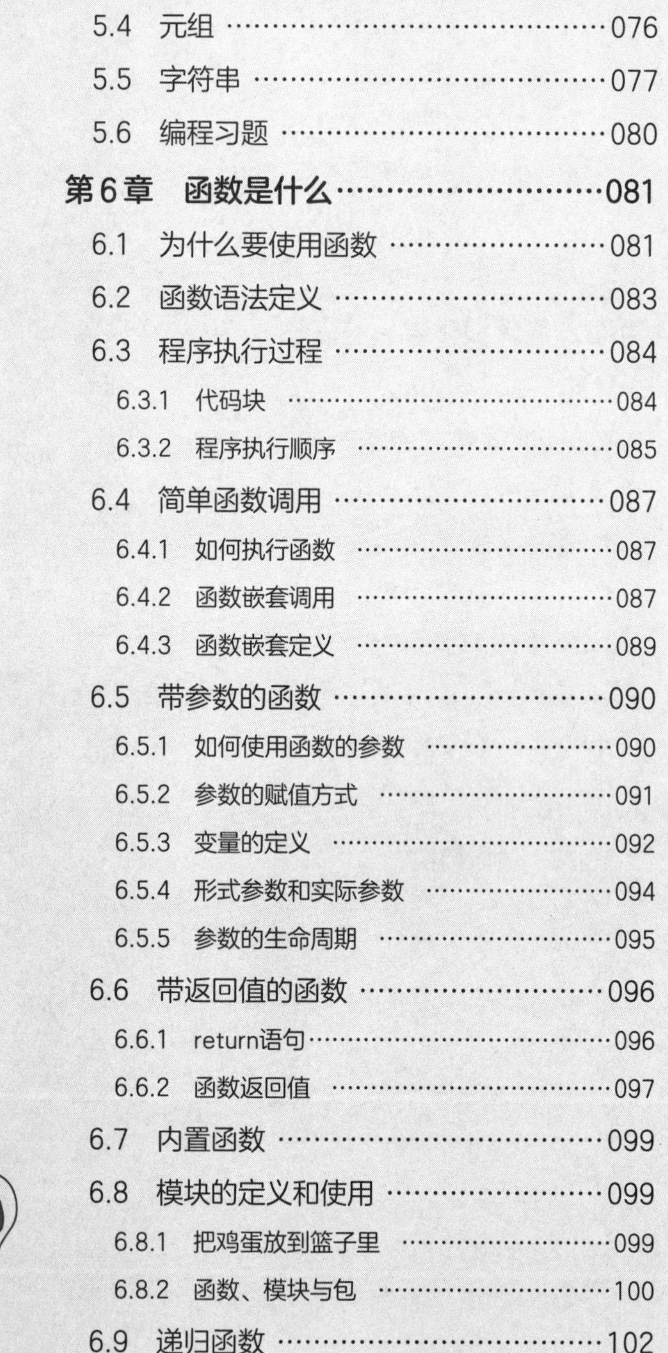

目录

第一部分
Python的
基础知识

第 1 章 蓄满能量，准备出发

计算机编程是每个孩子都应该学习的一项重要技能。我们使用计算机解决问题，玩游戏，帮助我们更有效地工作，执行重复性的任务。在众多编程语言当中，Python 是一门既简单又强大的编程语言，被广泛应用于数据分析、大数据、网络爬虫、自动化运维和人工智能等领域。

本章首先讲解 Python 的历史、特点、应用，然后搭建 Python 的开发环境。在安装好 Python 之后，我们就可以通过“Hello World”小程序测试开发环境，编写出第一个 Python 小程序。让我们开始吧！

1.1 Python 的历史

1989 年，Python 之父 Guido van Rossum（吉多·范罗苏姆）在阿姆斯特丹为了打发圣诞节的闲暇时间，开发了一门解释型编程语言。国内的编程社区通常将 Guido van Rossum 亲切地称为“龟叔”（见图 1-1），“龟”的发音取自“Guido”中的“Gui”。

“Python”这个名字来自 Guido 喜爱的电视连续剧《蒙蒂蟒蛇的飞行马戏团》，中文翻译是“蟒蛇”（见图 1-2），有点恐怖哦！

◎图 1–1 “龟叔”是个戴眼镜的大胡子

◎图 1–2 “Python”来源卡通图

1.2 Python 的特点

Python 之所以受到大家的欢迎，是因为它有很多优秀的“品质”。

（1）**写起来容易**，Python 对代码格式的要求没有那么严格，非常容易上手，三下五除二就可以搞定一个小程序。

（2）**免费**，即开放源代码，意思就是所有人都可以看到 Python 这门语言是怎么写出来的，并且欢迎大家按照自己的思路天马行空地编写自己的版本。

（3）**能够转移，**我们用 Python 写出来的程序，在很多公共平台都可以直接使用。

（4）**可扩展性强**，Python 的“武器”五花八门，种类繁多，而且可以帮我们干很多事情，最关键的是不需要苛刻的使用条件，拿来就用。

1.3 Python 的广泛应用

Python 在很多领域都有着广泛的应用，我们在生活中常接触到的一些产品就是通过 Python 开发的。以下简单列举几项。

- 云计算：Python 是云计算领域最热门的开发语言，我们网购经常使用的天猫、京东就用了 Python 开发。
- Web 开发：我们喜欢看的豆瓣、抖音、爱奇艺都是通过 Python 来开发应用的。
- 科学计算和人工智能：小爱同学、小度、天猫精灵这些“小伙伴”也是用 Python 作为主要语言来开发的。

此外，Python 也是很多世界级科技公司常用的开发语言，Google、YouTube、Instagram、Facebook 等都有 Python 的身影。

除此之外，搜狐、金山、腾讯、网易、百度、阿里巴巴、淘宝、土豆、新浪、果壳等公司也使用 Python 来完成各种任务。

1.4 Python 的安装环境

Python 这门语言这么有用，那么怎么安装呢？

在 Python 的官网可以下载 Python 的安装包，使用鼠标单击 Downloads 菜单，再找到并单击 Python 3.9.1[1] 的 Download 按钮（见图 1-3）。在这个安装包里有 Python 解释器、Python 运行所需要的基础库，以及交互式运行工具——Python Shell。

下载完成后就可以安装 Python 了，在安装过程中会弹出选择窗口（见图 1-4），选中复选框 Add Python 3.9 to PATH，将 Python

1　此版本为本书编写时最新版本，若版本已更新，不影响本书阅读。

的安装路径添加到环境变量 PATH 中，这样就可以在任意文件夹下使用 Python 命令了，单击 Install Now 按钮就可以开始安装了。

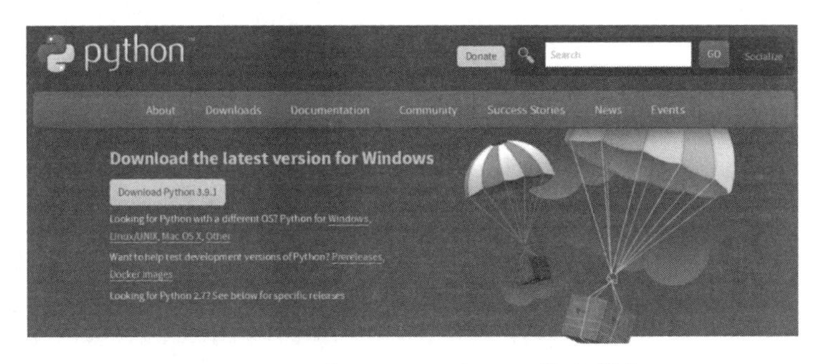

◎图 1–3　在 Python 官网下载安装包

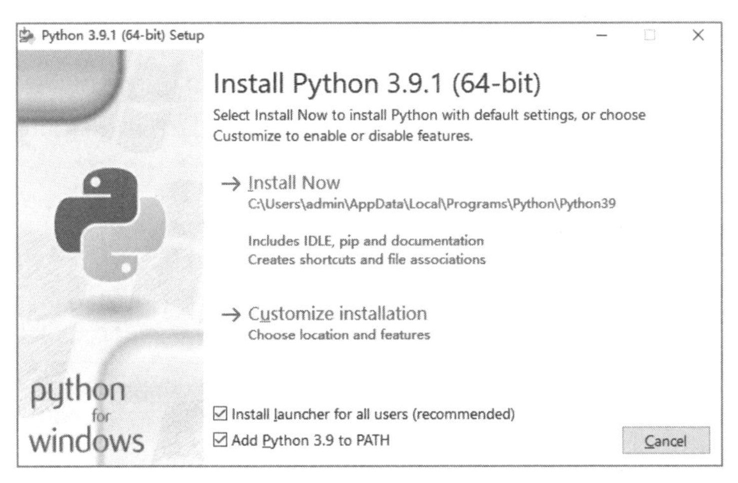

◎图 1–4　安装 Python 的窗口

1.5　编译自己的第一个小程序

终于装好 Python 了，同学们可以动手尝试编写第一个 Python 程序“Hello World”，来和 Python 打个招呼。

首先打开 Python 安装包自带的交互式运行工具——Python Shell，

可以在 Windows“开始”菜单中打开 Python 3.9，并启动 Python Shell（图 1-5 中的 IDLE）来编写我们的第一个程序。

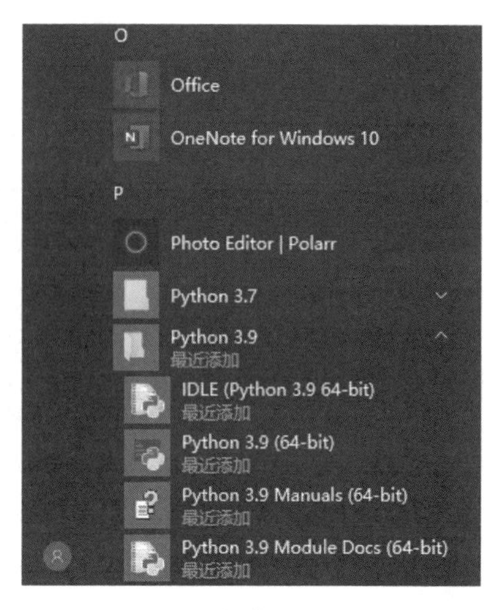

◎图 1-5　启动 Python Shell

在 Python Shell 中（见图 1-6）编写“Hello World”代码，然后按 Enter 键执行。“>>>”叫作提示符，它表示计算机准备好接受第一条命令了。print() 是输出函数，输出字符串 Hello World。例如输入如下代码。

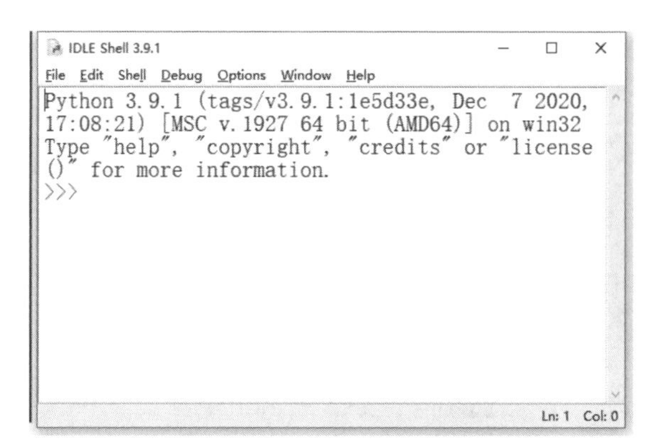

◎图 1-6　Python Shell 窗口

```
1  >>> print("Hello World")
2  Hello World
3  >>>
```

按 Enter 键，可以看到 Python Shell 输出了引号中的 Hello World。OK，恭喜同学们已经完成了自己的第一个 Python 小程序！

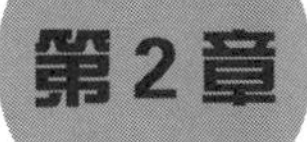

第 2 章 变量和数字的那些事

我们都知道，对于一片叶子而言，它的颜色在四季中是不一样的，会随着季节的变化而变化，那怎么来表示叶子的颜色呢？

如果我们养了一株小树，它从破土而出到长大的过程中，发生了什么变化？

如果用 color 表示叶子的颜色，由于叶子的颜色会随四季而变化，因而 color 的值不是固定的，而是会改变的，我们把 color 这样的值会发生改变的量称为变量（variable）。随着小树不断长大，我们还会发现小树树叶的数量不断增加，可以把树叶的数量命名为变量 number。通过 color 和 number 这两个变量，我们可以很轻松地记录叶子的颜色变化和数量变化，从而理解变量的意义。在学习本章之后，相信同学们会非常深刻地体会到这一点。

2.1 变量——保存内容的地方

通过本节，我们可以学习变量的定义以及如何给变量赋值，现在让我们来看看变量到底是什么。

2.1.1 变量的定义

变量是我们希望在程序执行的时候计算机能够“记住”的内容。当

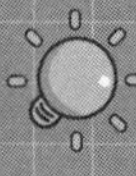

Python“记住”某些内容的时候，它会将这些信息存储在计算机的内存中。

Python 可以“记住”几种类型的值，包括数字（例如 7、18 甚至 3.14）和字符串（例如字母、符号、单词、句子，或者我们从键盘输入的任何内容）等。

在为变量命名的时候，需要记住以下几个规则。

首先，变量名总是以字母开头。

其次，变量名中除首字母以外的字符必须是字母、数字或者下划线（_），这意味着不能在变量名中使用空格等其他字符。

最后，Python 中的变量名是区分大小写的，这意味着在变量名中采用全部小写的字母（例如 abc）和全部大写的字母（例如 ABC）是完全不同的两个变量。

2.1.2 变量的赋值

和大多数现代编程语言一样，在 Python 中我们使用等号（=）给一个变量赋值。

```
1  X=7
```

这个赋值操作告诉计算机记住数字 7，并且在任何使用 X 的时候，都将数字 7 返回给计算机。

同样地，还可以使用等号将一个字符串赋值给一个变量，但要记住用引号（""）把字符串括起来。

```
1  my_name = "Sean"
```

这里将值 Sean 赋值给了变量 my_name。使用引号（""）告诉计算机这是一个字符串，在任何使用 my_name 的时候，都将字符串 Sean 返回给计算机。

综上所述，无论何时，想要将一个值赋给一个变量，先写出变量的名称，放在等号左边，然后在等号的右边写出想要赋的值。

我们来尝试编写一个程序，它使用了一些变量。在新的 Python Shell 窗口输入如下代码，并且将其保存为 ThankYou.py。

```
1  # ThankYou.py
2
3  my_name = "Sean"
4  my_age = 39
5  your_name = input("What is your name?")
6  your_age = input("How old are you?")
7  print("My name is",my_name,",and I am",my_age,"years old.")
8  print("Your name is",your_name,",and you are",your_age,".")
9  print("Thank you for buying my book,",your_name,"!")
```

当执行该程序的时候，代码告诉计算机记住 my_name 的值是 Sean 并且 my_age 的值是 39。然后要求用户输入自己的姓名和年龄，并且告诉计算机将这些输入的内容分别放在变量 your_name 和 your_age 当中。使用 input() 函数告诉计算机，想要用键盘输入一些内容。

在程序执行的过程当中，需要用户提供到程序中的信息，叫作输入（input）。在这个例子中，输入的就是用户的姓名和年龄。圆括号中引号引起来的部分 ("What is your name?") 叫作提示语，因为它提示或者

询问用户一个需要输入的问题。

在最后的 3 行代码中，计算机输出 my_name 和其他 3 个变量的值，包括用户所输入的部分。

该程序记住了 my_name 和 my_age 的值，要求用户输入他们的姓名和年龄，并且为他们输出一条消息。

```
1  What is your name?Tom
2  How old are you?18
3  My name is Sean ,and I am 39 years old.
4  Your name is Tom ,and you are 18 .
5  Thank you for buying my book, Tom !
6  >>>
```

2.2　数据类型（整数、浮点数）

计算机很擅长执行计算（加法、减法等）操作。计算机每秒可以完成 10 亿次计算，这比人自己用大脑计算要快得多，虽然人比计算机更擅长某些任务，但在比赛计算的速度方面，计算机总能胜出。Python 通过两种主要的数据类型，允许用户使用其强大的数学计算能力。

Python 中两种主要的数据类型是整数（包括正整数、负整数和 0，如 6、-1 或 0）和浮点数（带有小数点的数，如 1.0、0.45 或 3.14159）。

还有两种其他的数据类型，在本书中使用得不多。第一种是布尔值，它存储了 True 或 False 值，这是关于真假的判断；第二种是复数，它包含了实部和虚部，在这里不做过多的介绍。

整数在本书中常用于计数和基本的数学运算。例如，将年龄存储在一个整数变量中，当我们说自己是 18 岁或 30 岁的时候，使用的是整数。

当想要表示非整数部分的时候，浮点数或者小数就很有用，如 1.8 千米、34.5 元、6.34 升等。当然在 Python 中，不会保存单位（例如千米、元、升等），只保存带有小数点的数。想要将一个物品的价格存储在变量中，只需要对一个变量赋值。例如以下代码。

```
1    Book_cost = 45.6
```

2.3 算术运算符和赋值运算符

计算机中的算术运算符、赋值运算符和数学中的运算符究竟有什么区别呢？我们来系统地了解它们之间的相同点和不同点。

2.3.1 Python 中的算术运算符

加号（+）和减号（-）等数学符号叫作算术运算符，它们用于对表达式中的数字进行计算。

Python 中的大多数算术运算符和数学中使用的运算符是相同的，包括加号、减号和括号。然而还有一些算术运算符是不同的，例如乘法运算符是 * 而不是 ×，除法运算符是 / 而不是 ÷。通过表 2-1，可以认识到一些 Python 中常见的算术运算符。

表 2–1　Python 中常见的算术运算符

数学运算符	Python 算术运算符	计算	示例	结果
+	+	加法	3+2	5
–	–	减法	3–2	1
×	*	乘法	3*2	6
÷	/	除法	3/2	1.5
n^m	**	求幂	3**2	9
()	()	圆括号	(3+2)*2	10

2.3.2　Python 中的数学运算

学习了算术运算符，现在可以尝试一下在Python中进行数学运算。

使用 Python Shell，在 Python Shell 的命令提示符（带有闪烁光标的“>>>”符号）后面直接输入一道数学题（在 Python 中，叫作表达式），例如“3+2”，当按下 Enter 键之后，将会看到这个表达式的结果，或者说这道数学题的答案。

尝试输入下面的一些示例，看看 Python 会输出什么结果。

```
1    >>> 3+2
2    5
3    >>> 3-2
4    1
5    >>> 3*2
6    6
7    >>> 3/2
8    1.5
9    >>> (3+2)*2
10   10
11   >>> 3**2
12   9
```

2.3.3 Python 中的赋值运算符

在 Python 中，等号（=）是用来给变量赋值的，它和数学中的等号有点区别。通常在数学当中，等号用来求一个答案。在 Python 中，等号的作用除了用来判断等号两边是否相等，还可以给一个变量进行赋值运算。

在上一小节里面有一些数学运算的示例，大家可以尝试在表达式后面添加一个等号看看结果是什么，代码如下。

```
1  >>> 3+2
2  5
3  >>> 3+2=
4  SyntaxError: invalid syntax
5  >>>
```

很明显，当输入正确的表达式 3+2 执行之后，Python 会输出正确答案；当在末尾加了一个等号的时候，它把表达式看作给一个变量赋值的赋值运算，但是 3+2 是一个"非法"（违反变量命名规则）的变量名，所以给出了错误提示。

下面会通过一个示例，讲一讲如何给一个变量 x 赋值。当 x 被赋值后，它的值会被保存在计算机中，当后面的程序使用 x 的时候，Python 就会调用 x 的赋值，直到 Python 被告知要改变 x 的值。

```
1  >>> x=3
2  >>> x
3  3
4  >>> x+2
5  5
6  >>> x-2
7  1
```

```
8    >>> x*2
9    6
10   >>> x/2
11   1.5
12   >>> (x+2)*2
13   10
14   >>> x**2
15   9
16   >>> x=4
17   >>> x
18   4
19   >>> x+2
20   6
21   >>> x=x-1
22   >>> x
23   3
24   >>>
```

需要注意的是，在最后一条赋值语句中（x=x-1），在等号的两边都使用了x，这在数学里面是一个错误的等式，因为x不可能等于x-1。但是在 Python 中，计算机会先计算等式的右边，也就是 x-1 的值，然后将这个值赋给 x 变量。所以当 x=4 的时候，x-1=3，再把“3”这个数值赋给 x，最后输出的答案就是 3。

2.3.4　小实践：用 Python 运算符来编程

通过前面 3 个小节的内容，我们了解到算术运算符、数学运算、赋值运算符及其应用方法。接下来可以尝试着编写一个小程序，计算一个周末的早晨帮爸爸妈妈买早点需要多少钱，场景如下。

孩子在周末早晨帮爸爸妈妈买早点。

孩子：你好，油条多少钱一根？

店员：2 元一根。

店员：你要几根油条呢？

孩子：我要买 3 根油条。

店员：每根油条需要用一个纸袋装着，每个纸袋的费用是 0.1 元。

孩子：总共需要付多少钱？

可以尝试着用计算机的思维把这个程序的流程整理一下。

（1）通过输入语句询问油条多少钱一根，并输入价格。

（2）通过输入语句询问需要几根油条，并输入数量。

（3）通过输入语句询问纸袋的价格，并输入价格。

（4）通过输出语句得到需要付给店员的钱。

在这个程序中会运用到 Python 自带的一个 eval() 函数，这个函数的作用是对输入的内容进行求值。通常用键盘输入的文字或者数字会被一个字符串接收，因此需要通过 eval() 函数把字符串所表示的数字求出来。

在新的 IDLE 窗口执行该段代码并保存为 Fritters.py。

```
1  Fritters_cost=eval(input("请问油条多少钱一根？"))
2  Fritters_number=eval(input("小朋友你要买几根油条啊？"))
3  Bag_cost=eval(input("装油条的纸袋子多少钱一个？"))
4  Total_cost=Fritters_number * (Fritters_cost + Bag_cost)
5  print("我总共要买",Fritters_number,"根油条，一共",Total_cost,"元")
```

下面是该程序的输出结果。

```
1  请问油条多少钱一根？ 2
2  小朋友你要买几根油条啊？ 3
3  装油条的纸袋子多少钱一个？ 0.1
4  我总共要买 3 根油条，一共 6.3 元
5  >>>
```

2.4 编程习题

（1）下列哪个是 Python 的不合法标识符（　　）。

A．2python　　B．python2　　C．_hello　　D．_2_

（2）下列哪个不是 Python 关键字（　　）。

A．if　　B．then　　C．in　　D．while

（3）下列数字表示不正确的是（　　）。

A．'30'　　B．-10　　C．0x1A　　D．1.96e-2

（4）设有变量赋值 x=3.5;y=4.6;z=5.7, 则以下表达式中值为 True 的是（　　）。

A．x>y or x>z　　B．z==y+1

C．z>y+x　　D．x<y and not(x>z)

（5）下列表达式中哪两个相等（　　)?

① 16>>2　　② 16/2**2　　③ 16*4　　④ 16<<2

A．①②　　B．①③　　C．②④　　D．③④

（6）请自己动手编写代码，实现以下数据类型之间的转换。

a．将整型转换为浮点型。

b．将浮点型转换为整型。

第3章 条件大作战

通过前面两章的学习，我们知道如何输入、输出以及编写一个程序。我们可以把输入内容赋给一个变量，并且进行一些数学运算，例如计算 BMI[1]。

在实际生活中我们通常会面临某种选择或判断，根据不同的情况做不同的事情。来看一个实际例子，学校举办“青春健康之星”活动，根据男生和女生的身体状态来安排他们的饮食与训练。男女生的身体状态通过计算 BMI 值划分为以下几种：过轻、正常、过重、肥胖、非常肥胖。例如，输入一个人的身高 1.55 米和体重 44 千克，计算的 BMI 值为 18.3（保留一位小数），输出结果是“过轻”；当输入的身高为 1.64 米，体重为 58 千克，计算的 BMI 的值为 21.6，输出结果是“正常”。在“青春健康之星”活动中，如果男生的身体状况是“过轻”（BMI 值低于 18.5），那么要实行增强营养的食谱以及增肌训练。如果女生的身体状况是“过重”（BMI 值在 24.0 ~ 26.9），那么需要实行减肥 A 套餐以及塑形训练。

在这个例子中，每次情况不同，相应的食谱和训练是不一样的，这

1　BMI，即身体质量指数，简称体质指数，英文为 Body Mass Index。它是用体重除以身高平方得出的数值。BMI 的不同数值范围对应不同的身体状况：低于 18.5，过轻；18.5 ~ 23.9，正常；24 ~ 26.9，过重；27 ~ 32，肥胖；高于 32，非常肥胖。

就要用到 Python 的条件判断语句，在 Python 中条件语句用于控制程序的执行方向。根据条件判断的结果执行不同语句，即分支语句，也称为 if 分支语句。

3.1 认识 if 语句

请思考，如果一个学生的分数及格了（即大于或等于 60），则输出"点赞"，这如何用代码来实现呢？

首先来看看 if 语句的语法。

参考图 3-1，其中"条件"成立时（判断结果为 True），执行后面连续缩进的语句（即"执行语句"，执行内容可以是多行，以缩进来区分是否为同一范围），执行完缩进语句后继续执行后面未缩进的语句（即"后续语句"）。若"条件"不成立（判断结果为 False），则跳过所有缩进的语句，直接执行未缩进的语句。

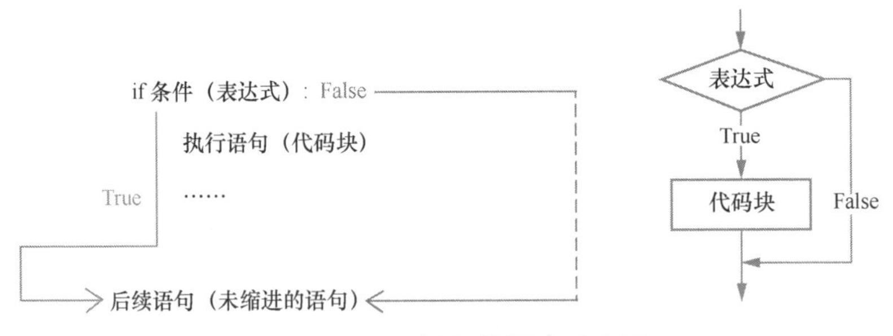

◎图 3-1　if 语句的语法示意图

在 if 语句的语法示意图中，我们可以看到，if 关键字后面接条件，条件后面必须加一个冒号。而条件成立执行的语句必须相对 if 关键字向后缩进（通常是英文状态下的 4 个空格或一个 Tab 键）。

针对上面的思考题，我们可以用下面的文字表示。

```
1    if 分数大于或等于 60:
2        输出 " 点赞 "
```

这离我们写成一段完整的 Python 代码又近了一步。条件“分数大于或等于 60”在 Python 中如何表示呢?

下面看一下 Python 里的比较运算符。

3.1.1 True 和 False

Python 中的条件表达式可以是一个变量、一个值或者一个表达式。每个条件表达式都将在 Python 中计算得到 True 或 False。“True”中的“T”和“False”的“F”都要大写，这是仅有的两个布尔值 (bool)，布尔值的介绍见 2.2 数据类型。

下面分两个小点来了解它。

1. 比较运算符

Python 中的比较运算符如表 3-1 所示。

表 3-1　Python 中的比较运算符

Python 比较运算符	对应的数学符号	含义	示例	结果
<	$<$	小于	3<4	True
>	$>$	大于	3>4	False
<=	$\leqslant$	小于或等于	3<=4	True
>=	$\geqslant$	大于或等于	3>=4	False
==	$=$	等于	3==4	False
!=	$\neq$	不等于	3!=4	True

在表 3-1 的“结果”一栏，我们可以看到两种结果：True 和 False。True 代表的是该条件成立，或者说该条件为真；False 代表该条件不成立，或者说该条件为假。例如示例 3==4，3 怎么能等于 4 呢？因此 3==4 这个条件不成立，计算机返回的结果是 False。

```
1  >>> 3==4
2  False
3  >>> 3!=4
4  True
```

对于示例 3!=4，很显然 3 不等于 4，那么 3!=4 这个条件是成立的，计算机返回的结果是 True。

在 Python 中对条件的判断，只有 True 和 False 两种结果，通常对应的整数分别是 1 和 0。

```
1  >>> 3==4
2  False
3  >>> int(False)
4  0
5  >>> 3!=4
6  True
7  >>> int(True)
8  1
```

如果比较的结果要参与新的数学运算，Python 会将结果 True 和 False 相应地转换为 1 和 0，然后参与运算。例如，(3!=4) +7，计算机会先执行 3!=4，其结果为 True，因为后面要参与和 7 的加法运算，所以计算机将其结果转换为 1，然后计算 1+7，最后的结果为 8。

```
1  >>> (3!=4)+7
2  8
```

2. 条件的其他形式

前文介绍的 True 和 False 是布尔值，True 和 False 用数值 1 和 0 表示。那数字 8 究竟是 True 还是 False 呢？先看表 3-2 中的一些布尔值示例。

表 3-2　布尔值示例

类型	True	False
数字	6、7.1	0、0.0
字符或字符串	'H'	''、""
None		None
列表	['H']、[8]、[0]、['']、[None]	[]
字典	{'name':"cathy"}	{}
元组	('H'，)、(6，)、('',)、(0,)、(None,)	()

在表格中，0 和 0.0（浮点数）为 False，其他非零的数字都是 True。可以通过 bool() 函数来测试对象或表达式是 True 还是 False。例如以下代码。

```
1   >>> bool(6)
2   True
3   >>> bool(0.0)
4   False
5   >>> bool('')
6   False
7   >>> bool([''])
8   True
9   >>> bool(None)
10  False
11  >>> bool((None,))
```

```
12  True
13  >>> bool(())
14  False
15  >>> bool([0])
16  True
```

在条件语句中可以直接使用它们作为条件，例如以下代码。

```
1  # if 语句的条件
2  if "Hello":
3      print(" 字符串 Hello 为 True")
```

执行上面的代码，输出结果为：字符串 Hello 为 True。因为 Hello 作为 if 语句的判断条件返回 True。在上面表格中，字符或字符串只有 " " 和 '' 两个空字符返回 False，其他返回 True。

现在我们用代码表示分数及格了（即分数大于或等于 60），先建立一个变量 score，用来存放某个同学的分数，利用比较运算符可以表示为 score>=60。

3.1.2 if 语句实例

继续做上面的思考题，我们将文字表述转换成 Python 代码，如下。

```
if 分数大于或等于 60:

    输出 " 点赞 "
```

⇨

```
if score>=60:

    print(" 点赞 ")
```

完整的 Python 代码如下。

```
1  # if 语句第一个例子:
2  score = eval(input(" 请入学生的分数: ")) ①
3  if score>=60: ②
4      print(" 点赞 ") ③
```

执行该程序，结果如下。

```
1    >>>
2    ============= RESTART: if语句第一个实例 .py ==================
3    请输入学生的分数：87
4    点赞
5    >>>
6    ============= RESTART: if语句第一个实例 .py ==================
7    请输入学生的分数：55
8    >>>
```

在示例程序中，如果 score=87，当执行到指令②时 if 条件语句 score>=60 的判断结果是 True，则执行指令③（③相对 if 缩进 4 个空格），输出“点赞”。因为指令③后面没有语句，程序结束。当 score=55，if 条件语句 score>=60 的判断结果是 False，则跳过指令③继续执行未缩进的指令。因为指令③后面没有语句，程序结束。

【小结】if 条件分支语句最简单的一种形式为只有一个 if 分支语句。如果表达式成立（True），就执行 if 下面的代码块；如果表达式不成立（False），就执行 if 后的未缩进语句。

3.2 else 语句

上一节我们提出了一道思考题，如果一个学生的分数及格了（即分数大于或等于 60），那么输出“点赞”。我们也可这样来思考，当学生的分数及格了就输出“点赞”，否则输出“加油”。这里的“否则”可以理解为前面条件不成立的情况。也就是说当条件“学生分数大于或等于 60”成立时，输出“点赞”，当该条件不成立时，输出“加油”。

Python 里面 if 语句的条件成立时，执行 if 后面紧接着缩进的语句；

当条件不成立时，执行 else 后面紧接着缩进的语句；如果没有 else，则执行 if 后的未缩进语句。

3.2.1 if-else 语法

if-else 语法示意图如图 3-2 所示。当“条件”为 True（条件成立）时，执行“执行语句（代码块 1）”；当“条件”为 False（条件不成立）时，执行“执行语句（代码块 2）”。

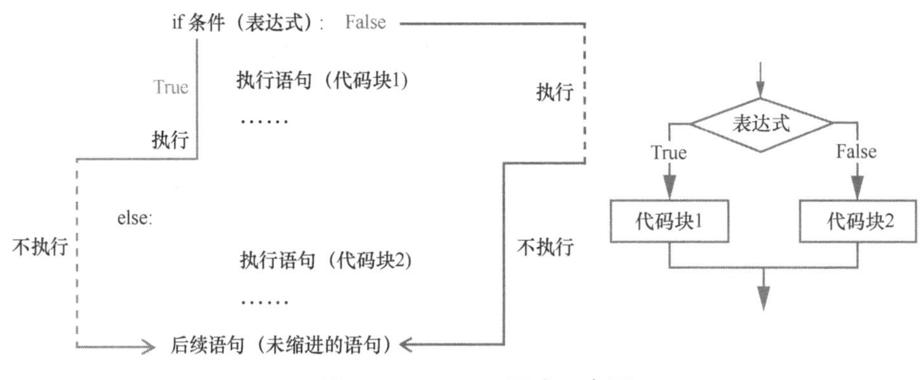

◎图 3-2 if-else 语法示意图

3.2.2 if-else 实例

继续做前面的思考题，如果一个学生的分数及格了（即分数大于或等于 60），那么输出“点赞”；否则就输出“加油”。其完整的代码如下。

```
1  # if 语句第二个例子:
2  score = eval(input("请输入学生的分数: "))①
3  if score>=60: ②
4      print("点赞") ③
5  else: ④
6      print("加油")⑤
```

在示例程序中，如果 score=87，当程序执行到指令②时，if 条件 score>=60 的判断结果是 True，则执行指令③（③相对 if 缩进 4 个空格），输出“点赞”。

如果 score=55，当程序执行到指令②时，if 条件 score>=60 的判断结果是 False, 因为条件不成立，所以执行 else 下面的指令⑤，输出“加油”。因为指令⑤后面没有语句，所以程序结束。

【小结】如果 if 条件表达式成立，Python 就会执行 if 后面对应的代码块；如果表达式不成立，那就执行 else 后面对应的代码块；如果没有 else 部分，那就执行其后续未缩进的语句，即去掉 else 部分就变成单个 if 条件语句的基本形式。注意，else 部分不能单独存在。

3.3 elif 语句

3.1 节和 3.2 节介绍了 if 和 if-else 两种基本的条件语句形式，这节继续介绍另外一种形式，即 if-elif-else。在实际情况中，通常有多个条件需要判断，不同的条件执行不同的代码。当然可以用多个 if 条件语句并列实现多个条件的判断，但在很多情况下，用 if-elif-else 结构更加清晰。

3.3.1 if-elif-else 语法

if-elif-else 语法如下，示意图如图 3-3 所示。

```
1  if 条件(表达式 1):
2      执行语句 (代码块 1)……
3  elif 条件(表达式 2):
4      执行语句 (代码块 2)……
5  elif 条件(表达式 3):
6      执行语句 (代码块 3)……
7  ……
8  else:
9      执行语句 (代码块 n)……
```

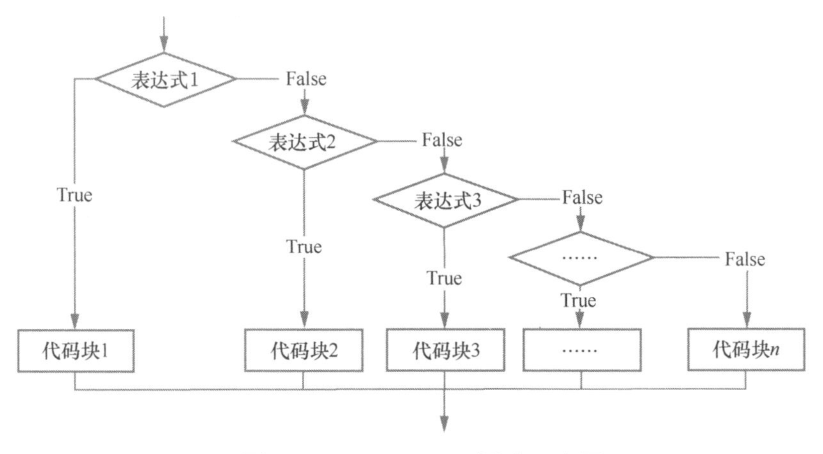

◎图 3-3　if-elif-else 语法示意图

在 if-elif-else 语句语法示意图中，可以看到，if 和 elif 后面接判断条件，条件后面必须加一个冒号。当某个条件成立，要执行的语句必须相对 if 或者 elif 向右缩进。

if-elif-else 语句中的 elif 可以理解为 else+if 的缩写，对于第一个 elif，其判断条件 2 隐含着判断条件 1 不成立的信息。对于第二个 elif，其判断条件 3 隐含条件 1 和条件 2 均不成立的信息。也就是各个判断条件是互斥的。

下面我们通过一个猜数字游戏来进一步理解它。

3.3.2 if-elif-else 实例

用 if-elif-else 条件语句编写一个简单的猜数字游戏。在该游戏中，建立一个变量 secret，将需要猜的数字赋给 secret。再建立一个变量 number，存放猜测者从键盘输入的数字。如果猜的数字 number 大于 secret，输出“太大了”；如果猜的数字 number 小于 secret，输出“太小了”；如果猜的数字 number 等于 secret，输出“猜中了”。

完整的代码如下。

```
1  # if语句第三个实例:
2  secret = 8 ①
3  number = int(input("请输入你猜的数字：")) ②
4  if number>secret: ③
5      print("太大了") ④
6  elif number<secret: ⑤
7      print("太小了") ⑥
8  else: ⑦
9      print("猜中了") ⑧
```

执行 3 次的结果如下。

```
1   =========== RESTART: if语句第三个实例.py ==================
2   请输入你猜的数字：12
3   太大了
4   >>>
5   =========== RESTART: if语句第三个实例.py ==================
6   请输入你猜的数字：3
7   太小了
8   >>>
9   =========== RESTART: if语句第三个实例.py ==================
10  请输入你猜的数字：8
11  猜中了
12  >>>
```

在该程序例子中，指令③的条件是 number>secret，当执行到指令⑤，elif 条件 number<secret，是在指令③条件不成立（number>secret 不成立）的情况下设置的新条件。else 条件是在指令③的条件和指令⑤的条件都不成立的情况下的新条件，即 number>secret 不成立，同时 number<secret 也不成立，该条件只能是 number==secret。

【小结】在 if-elif-else 条件语句中，从上到下逐个判断表达式是否成立，一旦遇到某个成立的表达式，就执行其后面紧跟的代码块；此时，该条件语句中剩下的代码就不再执行了，不管后面的表达式是否成立。如果所有的表达式都不成立，就执行 else 后面的代码块。在 if-elif-else 条件语句中，elif 可以有多个；else 可以有，也可以没有。注意，elif 与 else 都不能单独存在。

3.4 if 语句嵌套与逻辑运算符

在嵌套 if 语句中，可以把 if-elif-else 结构放在另外一个 if-elif-else 结构中，示例如下。if 语句嵌套有助于我们分析较为复杂的问题。

```
1  if  条件（表达式 1）:
2  # 条件 1 成立时执行的代码
3      if  条件（表达式 2）:
4      # 条件 2 成立时执行的语句
5          执行语句（代码块 1） # 条件 1 和条件 2 同时成立时执行的语句
6      elif  条件（表达式 3）:
7      # 条件 3 成立时执行的语句
8          执行语句（代码块 2） # 同时满足条件 1、条件 3（条件 2 不成立）执行的语句
9      else:
```

```
10      # 条件 2 和 3 不成立时执行的语句
11          执行语句（代码块 3） # 满足条件 1，但是条件 2 和 3 不成立时执行的语句
12  else:
13  # 条件 1 不成立时执行的代码
14      if  条件（表达式 4）:
15      # 条件 4 成立时执行的代码
16          执行语句（代码块 4）# 条件 1 不成立时，满足条件 4 时执行的语句
17      elif  条件（表达式 5）:
18      # 条件 5 成立时执行的代码
19          执行语句（代码块 5）# 条件 1 不成立时，满足条件 5（条件 4 不成立）执行的语句
20      else:
21      # 条件 4 和 5 不成立时执行的语句
22          执行语句（代码块 6）# 条件 1 不成立，且条件 4、5 都不成立时执行的语句
```

3.4.1 if 语句嵌套实例

下面我们继续本章开头的实例——“青春健康之星”活动，代码如下。

```
1   # if语句第四个例子:
2   if  member=="男生": ①
3        if BMI <18.5: ②
4            print("过轻，需实行营养增强的食谱以及增肌训练")
5        elif 18.5 ≤ BMI<23.9:
6            print("正常，加入'青春健康之星'名单")
7        else:
8            print("需实行减肥食谱以及魔鬼运动训练")
9   else : # member=="女生" ③
10      if BMI <18.5:
11           print("过轻，需实行均衡营养食谱")
12      elif 18.5 ≤ BMI<23.9:
13           print("正常，加入'青春健康之星'名单")
14      elif 24 ≤ BMI<26.9: ④
15           print("过重，需要实行减肥 A 套餐以及塑形训练")
16      elif 27 ≤ BMI<32:
17           print("肥胖，需要实行减肥 B 套餐以及魔鬼甩脂训练")
18      else:
19           print("非常肥胖，需要实行减肥 C 套餐以及魔鬼甩脂训练")
```

根据男生和女生身体状态来安排他们的饮食与训练，上面的代码通过 if 嵌套结构，给出不同的食谱与训练方式。

其中，执行 print(" 过轻，需实行营养增强的食谱以及增肌训练 ") 这条语句，必须满足条件①和条件②；执行 print(" 过重，需要实行减肥 A 套餐以及塑形训练 ") 这条语句，必须满足条件③和④。

处理同时满足多个条件的情况，我们还可以使用 and、or 等逻辑运算符。下面我们先了解一下 Python 的逻辑运算符。

3.4.2 逻辑运算符

逻辑运算符 and、or、not 的用法如表 3-3 所示。

表 3-3 逻辑运算符的用法

逻辑运算符	用法	结果
and	if (条件 1 and 条件 2)	只有条件 1 和条件 2 都为真（True）时，结果才为真（True）
or	if (条件 1 or 条件 2)	只要条件 1 和条件 2 中有一个为真(True)，结果就为真（True）
not	if（not 条件）	如果条件为假（False），结果为真（True）

我们知道，比较运算符得到的运算结果为 True 或 False，所以在此基础上进行逻辑运算的结果也是 True 或 False。例如下面的代码。

```
1  >>> 3<8 and 9<2
2  False
3  >>> 3!=5 or 9<2
4  True
5  >>> not 3!=5
6  False
```

当遇到多个逻辑运算时，逻辑运算符 and、or、not 的优先级是 not>and>or，如果有括号，括号内优先。例如下面的代码。

```
1  >>> 3<2 and not 0 or 4!=5
2  True
3  >>> 3<2 and (not 0 or 4!=5)
4  False
```

了解逻辑运算符后，下面我们对 if 语句第四个例子做一下改动，通过逻辑运算符，将条件嵌套语句简化为一个条件语句。

```
1  # if语句嵌套:
2  if  member==" 男生 " : ①
3      if BMI <18.5: ②
4          print(" 过轻，需实行营养增强的食谱以及增肌训练 ")
```

我们知道，print(" 过轻，需实行营养增强的食谱以及增肌训练 ") 是在 “member==" 男生 "” 和 “BMI <18.5” 两个条件同时成立的情况下执行的。

那么，我们使用逻辑运算符 and 将两个条件联合起来，and 表示两个条件都必须成立才能执行 print(" 过轻，需实行营养增强的食谱以及增肌训练 ")，其代码如下。

```
1  # if语句逻辑运算符应用:
2  if  member==" 男生 " and BMI <18.5:
3      print(" 过轻，需实行营养增强的食谱以及增肌训练 ")
```

【小结】在编写代码时可以在使用条件语句嵌套的同时也使用逻辑运算符来表示较为复杂的逻辑关系。

3.5 编程习题

（1）在 Shell 中输入如下代码。

```
1  >>>x=26
2  >>>x=2*x+8
3  >>>x>60
```

________（输入上述代码按 Enter 键后，结果是什么？请将答案写在横线上。）

（2）执行下面的程序。

```
1  x=eval(input("enter a number"))
2  if x==8:
3      print("red")
4  elif x<6:
5      print("blue")
6  elif x>22:
7      print("green")
8  else:
9      print("yellow")
```

当输入 6 时，输出结果为 ________ ；

当输入 8 时，输出结果为 ________ ；

else 的条件是 __________。

（3）执行下面的程序。

```
1   Chinese=eval(input("enter a number"))
2   English=eval(input("enter a number"))
3   if Chinese>=60:
4       if English>=60:
5           print("__________________________")
6       else:
7           print("__________________________")
8   else:
9       if English>=60:
10          print("__________________________")
11      else:
12          print("__________________________")
```

根据考试分数来判断学生是否会说某种语言，例如英语的分数大于或等于 60 分可以判断该学生会说英语。

在上面的横线上填入合适的答案。

A．can only speak English

B．can speak both Chinese and English

C．can only speak Chinese

D．either Chinese or English

E．neither Chinese nor English

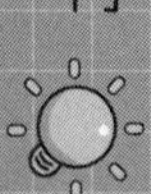

第 4 章 循环很有趣

春夏作头，秋冬为尾。循环反复无穷已。

——唐 · 罗隐《乐府杂曲 · 鼓吹曲辞 · 芳树》

在生活和学习中，常常需要做重复的操作。例如在一条生产线上，机械传送带一直运行，操作工只需操作自己的工序，插螺丝、盖盖子等，不停地重复着相同动作。既然如此，是不是可以让计算机来做这些重复的事情呢？很多工厂已经使用工业机器人代替人做这些重复枯燥的事情。在数学中，有一个求最大公约数的方法叫“辗转相除法”。即先将两个数相除，然后以除数和余数反复做除法运算，当余数为 0 时，当前算式的除数即为最大公约数。

上面这些重复的操作，可以用多种计算机程序结构来实现，其中就有循环这种程序结构。循环结构包括循环体和决定循环终止的条件，其中循环体指被重复执行的语句。有了循环结构，就能完成许许多多的重复性工作。

Python 有两种循环结构，for 循环和 while 循环。for 循环一般重复执行一定次数，又叫作计数循环；while 循环重复执行直至发生某种情况时结束，又叫作条件循环。

4.1 for 循环

Python 中 for 循环的一般形式如下。

```
1  for 变量 in 序列：
2      循环需要执行的代码
```

通过 for...in... 模式，直接对字符串或列表中的项进行迭代，迭代按该项在序列中出现的顺序执行。

我们看下面的例子，去图书馆借书，一次借了 3 本，用 Python 程序输出借的图书名称，代码如下。

```
1  print('《不一样的卡梅拉》')
2  print('《哈利·波特》')
3  print('《十万个为什么》')
```

下面是程序的输出结果。

```
1  《不一样的卡梅拉》
2  《哈利·波特》
3  《十万个为什么》
```

如果多借 1 本图书，只需要增加 1 行 print() 代码就能实现。假如图书的数量变得更多呢？例如整个图书馆的儿童读物，可能有成千上万本，单单使用 print() 就太烦琐了。如何简化呢？

下面先讲一个“万字难写”的故事。古时候一个富翁的儿子学写字，先生教他写字，先教他写“一二三”，“一”是一画，“二”是两画，“三”是 3 画。富翁的儿子很快就学会了，就不愿意再学了。后来，富翁让儿子给一个姓万的朋友写信，结果一上午也没写好。富翁来问情况，儿子说:“这个人为什么要姓万,我画了一上午,才画了 3000 画。”而实际上只要一个“万”字就够了。

同样,在 Python 中使用循环结构,也能简化上面借书的情况。实现的代码如下。

```
1  books = ['《不一样的卡梅拉》', '《哈利·波特》', '《十万个为什么》']
2  for b in books:
3      print(b)
```

下面是程序的输出结果。

```
1  《不一样的卡梅拉》
2  《哈利·波特》
3  《十万个为什么》
```

两者都使用 3 行代码,好像体现不出循环的优势。那增加到 10 本图书,我们再看下面的代码。

```
1  books = ['《不一样的卡梅拉》', '《哈利·波特》', '《福尔摩斯探案集》',
            '《阿凡提的故事》', '《法布尔昆虫记》', '《父与子》', '《十万个为什么》',
            '《草房子》', '《小猪唏哩呼噜》', '《爱丽丝漫游奇境》']
2  for b in books:
3      print(b)
```

程序的输出结果如下。

```
1   《不一样的卡梅拉》
2   《哈利·波特》
3   《福尔摩斯探案集》
4   《阿凡提的故事》
5   《法布尔昆虫记》
6   《父与子》
7   《十万个为什么》
8   《草房子》
9   《小猪唏哩呼噜》
10  《爱丽丝漫游奇境》
```

仍然是 3 行代码，就将 10 本图书的名字输出了。通过循环，大大减少了代码行数。

Python 中 for 循环的特点是在一系列对象中进行迭代，遍历序列中的每一个项目。在上面代码中，用到了一种叫列表的数据结构，books 就是一个列表。列表是一种序列结构，序列中的每个元素都有编号，即索引，其中第一个元素的索引为 0，第二个元素的索引为 1，依此类推。虽然有的编程语言从 1 开始编号，但是从 0 开始编号更为普遍，例如常用的 C 语言、Java。

下面看一个例子，计算一下所借图书的总数量。

```
1  books= ['《不一样的卡梅拉》', '《哈利·波特》', '《十万个为什么》']
2  total = 0
3  for b in books:
4      total = total + 1
5      print(b)
6  print('你共借了',total,'本图书')
```

程序的输出结果如下。

```
1  《不一样的卡梅拉》
2  《哈利·波特》
3  《十万个为什么》
4  你共借了 3 本图书
```

在这里，通过计数器 total 累加的方式来计算所借图书的总数量。初始 total 为 0，for 语句每迭代 1 次，会输出一本书的名称，这时候 total 将加 1。直至结束，输出所借图书的总数量。

还有另外的方法来获取所借图书的总数量，就是使用 Python 的内置函数。Python 中有近 70 个内置函数，都是很有用的。

```
1  books= ['《不一样的卡梅拉》', '《哈利·波特》', '《十万个为什么》']
2  for b in books:
3      print(b)
4  print('你共借了',len(books),'本图书')
```

程序的输出结果如下。

```
1  《不一样的卡梅拉》
2  《哈利·波特》
3  《十万个为什么》
4  你共借了 3 本图书
```

在上面例子中，使用了 len(books) 来很方便地获取列表的总项数，也就是所借图书总数。这里的 len() 是 Python 的一个内置函数。内置函数 len() 返回对象（字符、列表、元组等）的长度或项目个数。

字符串也是一种序列。和列表类似的是，两者都属于有序的序列；和列表不同的是，字符串是不可变序列，而列表是可变序列。作为一种序列，字符串也可以用 for 循环来遍历。我们看下面的例子。

```
1  books= '《不一样的卡梅拉》3本，《哈利·波特》2本，《十万个为什么》4本'
2  total = 0
3  for i in range(len(books)):
4      if books[i] == '本':
5          num = int(books[i-1])
6          total = total + num
7  print('你共借了',total,'本书')
```

程序的输出结果如下。

```
1  你共借了 9 本书
```

这里用到了前面介绍的 len() 内置函数来获取字符串的长度。

```
1  books= '《不一样的卡梅拉》3本，《哈利·波特》2本，《十万个为什么》4本'
2  print(len(books))
```

程序的输出结果如下。

```
1  34
```

这个总字数是没办法直接给 for 循环使用的。这里，需要使用另一个内置函数 range()。range() 函数返回的结果是一个整数序列的对象，而不是列表。当对这个整数序列的对象进行遍历时，它会返回所需序列的连续项，但并没有真正组成列表，所以能节省内存空间。通过 range(34)，就可得到一个长度为 34 的可迭代对象。把这个可迭代对象转成列表对象，直观地呈现一下。

```
1   print(list(range(34)))
```

程序的输出结果如下。

```
1   [0, 1, 2, 3, 4, 5, 6, 7, 8, 9, 10, 11, 12, 13, 14, 15, 16, 17,
    18, 19, 20, 21, 22, 23, 24, 25, 26, 27, 28, 29, 30, 31, 32, 33]
```

这样，通过 range(len(books)) 语句，就可以对字符串 books 进行 for 循环遍历。books[i] 获取字符串中的每个字符。通过条件判断语句 if books[i] == '本': 来定位到“本”，然后获取“本”前面的数字 books[i-1]，即 3、2、4。现在获取的数字是字符串类型的，不能直接相加，需要使用类型转换，所以这里使用 int(books[i-1])，将字符型的数字转换成可以相加的 int 型数字。最后，通过 total = total + num，获取总数 9，输出结果，程序结束。

上面的程序实际上并不完善，例如，如果一本书的数量超过 9 本，或者书名中含有“本”字，就无法获得正确的结果了。这个需要补充相关编程业务逻辑，读者可以自行尝试。

上面 books 采用字符串来描述图书本数，下面以列表方式来描述这些内容。

```
1  books= ['《不一样的卡梅拉》',3, '《哈利·波特》',2, '《十万个为什么》',4]
2  total = 0
3  for num in range(1,len(books),2):
4      total = total + books[num]
5  print('你共借了',total,'本书')
```

程序的输出结果如下。

```
1  你共借了 9 本书
```

使用 books 列表来描述每种图书的情况，列表中前一个项目是图书名称，紧接着的一个项目是图书的数量。这里通过 range() 函数，来获取图书数量的位置，即 1、3、5，然后通过累加获取书本总数量。

下面是 range() 函数的两种用法。

```
1  range(stop)
2  range(start, stop[, step])
```

参数说明如下。

- start：计数从 start 开始，默认是从 0 开始。例如 range(5) 等价于 range(0,5)。
- stop：计数到 stop 结束，但不包括 stop。例如，range(0,5) 是 [0, 1, 2, 3, 4]，没有 5。
- step：步长，默认为 1。例如，range(0,5) 等价于 range(0,5,1)。

下面是 range() 函数的例子。

```
1  for i in range(0,6,2):
2      print(i)
```

程序的输出结果如下。

```
1  0
2  2
3  4
```

可以看出，range() 函数也对应了一个序列。那么和列表有什么不同呢？再看下面的例子。

```
1   print(range(0,6,2))
```

程序的输出结果如下。

```
1   range(0,6,2)
```

这里直接输出 range() 函数，并没有显示出具体数据项，说明 range() 函数返回的可迭代对象并没有真正组成一个列表。

可以通过 list() 函数把 range() 返回的可迭代对象转为一个列表。

```
1   print(list(range(0,6,2)))
```

程序的输出结果如下。

```
1   [0, 2, 4]
```

如果在 for 循环的 range() 函数中使用常数，程序执行时循环总会执行相同的次数，在这种情况下，我们称循环次数是“硬编码”的。有时希望循环次数由用户来决定，或者由程序的另一部分决定，对于这种情况，就需要一个变量。代码如下。

```
1   total=6
2   for i in range(total):
3       print(i, end="")
```

程序的输出结果如下。

```
1   012345
```

接下来，介绍 for 循环在另一种序列结构“字典”中的应用。字典是一种可变容器模型，且可存储任意类型对象，字典中的每个键值对 key 和 value 使用冒号（:）分隔，各个键值对之间用逗号（,）分隔，

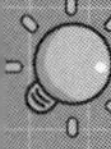

整个字典包括在花括号 {} 中，格式如下。

```
1  data = {key1:value1, key2:value2, key3:value3}
```

字典遍历与列表遍历类似，下面看一个例子，也是计算图书的总数量。

```
1  books = {'不一样的卡梅拉': 3, '哈利·波特': 2, '十万个为什么': 4}
2  total = 0
3  for i in books:
4      print(i,books[i])
5      total = total + books[i]
6  print('你共借了',total,'本书')
```

程序的输出结果如下。

```
1  不一样的卡梅拉 3
2  哈利·波特 2
3  十万个为什么 4
4  你共借了 9 本书
```

Python 的内置函数也可以用来遍历字典，例如可以用 keys() 方法获取所有的键信息，代码如下。

```
1  books = {'不一样的卡梅拉':3,'哈利波特':2,'十万个为什么':4}
2  for i in books.keys():
3      print(i)
```

程序的输出结果如下。

```
1  不一样的卡梅拉
2  哈利·波特
3  十万个为什么
```

如果只对字典的值感兴趣，可使用 values() 方法获取所有的值信息，代码如下。

```
1  books = {'不一样的卡梅拉':3,'哈利·波特':2,'十万个为什么':4}
2  for i in books.values():
3      print(i)
```

程序的输出结果如下。

```
1  3
2  2
3  4
```

另外，items() 方法可以以元组的方式返回键值对。

```
1  books = {'不一样的卡梅拉':3,'哈利·波特':2,'十万个为什么':4}
2  for key,value in books.items():
3      print(key,'---',value)
```

程序的输出结果如下。

```
1  不一样的卡梅拉 --- 3
2  哈利·波特 --- 2
3  十万个为什么 --- 4
```

需要注意的是，字典元素的排列顺序是不确定的。换句话说，迭代字典的键或值时，for 循环一定会处理所有的键或值，但是不知道处理的顺序。如果顺序很重要，可将键或值存储在一个列表中并对列表排序，再进行迭代，读者可以自行尝试。

for 循环可以附带一个 else 代码块。格式如下。

```
1  for 变量 in 序列：
2      循环需要执行的代码
3  else:
4      循环执行结束执行的代码
```

下面看一个例子，在循环结束后，显示所借图书总数量。

```
1  books= ['《不一样的卡梅拉》', '《哈利·波特》', '《十万个为什么》']
2  for b in books:
3      print(b)
4  else:
5      print('你共借了',len(books),'本书')
```

程序的输出结果如下。

```
1  《不一样的卡梅拉》
2  《哈利·波特》
3  《十万个为什么》
4  你共借了 3 本书
```

4.2 while 循环

Python 中的 while 循环是另外一种循环结构。while 循环的一般形式如下。

```
1  while 判断条件:
2      循环需要执行的代码
```

while 循环在某种条件下，循环执行某段程序，只要判断表达式为 True，该段程序就可以重复执行。当判断条件为 False 时，结束循环。判断条件可以是任何表达式，任何非零或非空（null）的值均为 True。循环执行的语句可以是单个语句或代码块。

下面看一个例子。

```
1  n = 0
2  while n < 6:
3      print(n, end='')
4      n += 1
```

程序的输出结果如下。

```
1  012345
```

再看一个例子。

```
1  books = ['《不一样的卡梅拉》', '《哈利·波特》', '《十万个为什么》']
2  n = 0
3  while n < len(books):
4      print(books[n])
5      n += 1
```

下面是程序的输出结果。

```
1  《不一样的卡梅拉》
2  《哈利·波特》
3  《十万个为什么》
```

可以看到，使用 while 循环，能实现与 for 循环相同的功能，但是其代码比 for 循环复杂，还需要注意边界问题（n 的值是否要比条件大或小 1）。一般更多地使用 for 循环来处理列表类型的数据。

我们还会用到无限循环，当条件永远为 True 时，循环就会永远执行下去。下面是一个用于接收外部输入的例子，代码如下。

```
1  n=0
2  while n==0:
3      number = input('Please enter a number:')
4      print('You entered:'+str(number))
```

程序的输出结果如下。

```
1  Please enter a number:0
2  You entered:0
3  Please enter a number:1
4  You entered:1
5  Please enter a number:2
6  You entered:2
```

在编写代码时，应该避免出现死循环（即无限循环），也就是条件永远成立的状态，因为无限循环的 CPU 占用率高，如果控制台出现了无限循环，可以使用快捷键 Ctrl+C 来终止程序（不同的操作环境或有差异）。

如果 while 循环体中只有一条语句，可以将该语句与 while 写在同

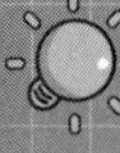

一行中，代码如下。

```
1   flag =1
2   while (flag): print('Hello,World!')
3   print('Goodbye!')
```

程序的输出结果如下。

```
1   Hello,World!
2   Hello,World!
3   Hello,World!
4   Hello,World!
5   Hello,World!
6   Hello,World!
7   Hello,World!
8   Hello,World!
9   Hello,World!
10  Hello,World!
11  Hello,World!
12  Hello,World!
13  ......
```

上面的程序会一直输出“Hello,World!”，不会执行“print('Goodbye!')”，也就不会输出“Goodbye!”。

由于 while 循环通常不知道循环的次数，所以对于 while 循环，需要设置退出循环的条件。接下来介绍一种退出循环的方法，定义退出变量。可使用 while 循环让程序在用户需要时不断执行，在其中定义一个退出值，只要用户输入的不是这个值，程序就接着执行，这种方法可以让用户选择何时退出。

例如，小时候玩游戏经常会遇到，当人物“死亡”的时候，界面会跳出“重新开始游戏”或“结束游戏”，“结束游戏”就相当于设置的退出值。代码如下。

```
1  flag = True
2  while flag:
3      message = input()
4      if message == "quit":
5          flag = False
6      else:
7          print(message)
```

当输入值为 123（非“quit”）时，程序的输出结果如下。

```
1  123
```

当输入值为 quit 时，直接退出循环。

flag 是定义的一个 while 触发器，message 定义的是用户的输入字符，quit 是退出循环条件。若用户输入 quit，则 flag 转换属性，从 True 变为 False，在下次循环时退出。

while 循环可以添加一个 else 代码块，如下面这个分解质因数的例子。

```
1   n = 190
2   res = []
3   k = 2
4   while k <= n:
5       if n % k == 0:
6           res.append(k)
7           n /= k
8       else:
9           k += 1
10
11  print(res)
```

程序的输出结果如下。

```
1  [2, 5, 19]
```

下面看一个 while 循环输出“金字塔”的例子。

```
1  total = 6
2  i = 0
3  while i < total:
4      print(" " * (total - (i - 1)) + "A" * (2 * i - 1))
5          i = i + 1
```

程序的输出结果如下。

```
1        A
2       AAA
3      AAAAA
4     AAAAAAA
5    AAAAAAAAA
```

这个例子中使用了 Python 语言 print() 函数中的乘号 *，可以将乘号前的字符连续输出多遍。我们先输出 (total - (i - 1)) 个空格符，然后再输出(2 * i - 1)个字符 A。也可以把输出的字符 A 替换成其他字符，大家可以试一试。

下面再看一个输出六边形的例子。

```
1  total = 5
2  i = 0
3  while i < total:
4      half = int((total+1)/2)
5      if i < half :
6          print('  ' * (half - i - 1) + '六' * (2 * i + half))
7      else:
8          print('  ' * (i - half + 1) + '六' * (2 * (total - i-1) + half))
9      i = i + 1
```

程序的输出结果如下。

```
1      六六六
2    六六六六六
3  六六六六六六六
4    六六六六六
5      六六六
```

这里需要注意，汉字的长度相当于 2 个英文空格，所以“print('　')”的单引号中为 2 个英文空格字符。

需要注意在 Python 中没有 do-while 循环。

4.3　循环控制语句

循环语句除了自然终止，还可以使用 break 和 continue 语句来控制执行和终止。这两个语句都可以用在 for 循环和 while 循环中。

while 循环中 break 和 continue 语句的执行流程如下。

```
1   while 判断条件:
2       循环内部的代码
3       if 判断条件:
4           break
5       循环内部的代码
6       if 判断条件:
7           continue
8       循环内部的代码
9
10  循环以外的代码
```

for 循环中 break 和 continue 语句的执行流程如下。

```
1   for 变量 in 序列:
2       循环内部的代码
3       if 判断条件:
4           break
5       循环内部的代码
6       if 判断条件:
7           continue
8       循环内部的代码
9
10  循环以外的代码
```

从上面 break 和 continue 语句的执行流程中，可以清楚地看出，break 语句可以跳出 for 和 while 的循环体。continue 语句被用来跳过当前循环体中的剩余语句，然后继续进行下一轮循环。

Python 中的 break 语句用来跳出循环体，即使循环条件还是 True 也会跳出。一般情况下使用 if 和 break 语句配合。下面以一个密码验证的例子来说明。

```
1   n = 0
2   while n < 3:
3       password = input('请输入密码:')
4       if password == '3579':
5           print('密码正确! ')
6           break
7       else:
8           print('密码错误! ')
9       n += 1
10
11  print('程序结束! ')
```

先多次输入错误密码，程序的输出结果如下。

```
1   请输入密码:1234
2   密码错误!
3   请输入密码:8888
4   密码错误!
5   请输入密码:123456
6   密码错误!
7   程序结束!
```

每次输入错误的密码，就会重新提示“请输入密码:”，说明循环语句在执行；输入 3 次错误密码后，n 的值不满足 while 循环的条件“n < 3”，程序结束。

下面是输入正确密码后的输出结果。

```
1  请输入密码:3579
2  密码正确!
3  程序结束!
```

由于输入了正确的密码，break 语句执行，提前结束了循环。在 for 循环中，break 语句使用方法和上面程序中的类似，大家可自行尝试。有一点需要注意，当使用 break 语句中断一个 for 或 while 循环时，相应循环中的 else 代码块也都不会被执行。

Python 中的 continue 语句也是用来跳出循环的。与 break 语句跳出整个循环不同，continue 语句仅仅跳出本次循环。下面请看一个例子。

```
1  names = ['唐僧', '黑熊怪', '猪八戒', '黄风怪', '犀牛怪','孙悟空',
          '沙僧', '黄袍怪', '牛魔王']
2  for name in names:
3      if '怪' in name:
4          continue
5      if '魔' in name:
6          continue
7      print(name)
```

程序的输出结果如下。

```
1  唐僧
2  猪八戒
3  孙悟空
4  沙僧
```

在上面程序中，我们把《西游记》中的部分角色名字保存到一个列表中，通过程序从列表中把唐僧师徒 4 个人的名字查找出来。先使用 for 语句来遍历列表中的每一个名字。然后，通过 if 语句来判断名字中是否有“魔”“怪”这样的字，如果有，则通过 continue

语句，跳出当前循环，后面的代码就不需要执行了；如果没有，输出名字。

下面再看一个输出三维“字符金字塔”的例子。

```
n = 10
for i in range(n):
    if i == 0:
        print(' ' * (n-1) + 'A')
        continue
    if i <= int(n/2) + 1:
        print(' '*(n-1-i) + 'A' + ' ' * (i*2-1)+'A' + ' '*(i-1) + 'A')
        continue
    if i <= n-2:
        print(' '*(n-1-i) + 'A' + ' ' * (i*2-1)+'A'+' '*((n-1-i)*2-1) + 'A')
        continue
    if i == n-1:
        print('A'*(n*2-1))
```

程序的输出结果如下。

```
         A
        A AA
       A   A A
      A     A  A
     A       A   A
    A         A    A
   A           A     A
  A             A   A
 A               A A
AAAAAAAAAAAAAAAAAAA
```

整个三维“字符金字塔”分为 4 个部分，第 1 行、第 2 ~ 7 行、第 8 ~ 9 行和最后 1 行。每个部分有自己的规律，需要分别编写代码。每一行输出字符后，就使用 continue 语句跳出当前循环，继续下一个循环，直至循环结束。

pass 语句在 Python 中是空语句，用于保持程序结构的完整性。pass 语句不做任何事情，一般用作占位语句。pass 语句语法格式如下。

```
1  pass
```

测试实例如下。

```
1  for letter in 'Python':
2      if letter == 'h':
3          pass
4          print('这是 pass 块')
5      print ('当前字母 :', letter)
6
7  print ("Goodbye!")
```

程序的输出结果如下。

```
1  当前字母 : P
2  当前字母 : y
3  当前字母 : t
4  这是 pass 块
5  当前字母 : h
6  当前字母 : o
7  当前字母 : n
8  Goodbye!
```

4.4 循环嵌套

Python 语言允许在一个循环体里面嵌入另一个循环体，这就是循环嵌套结构。例如，在 for 循环中嵌入 for 循环，在 while 循环中嵌入 while 循环，或者在 while 循环中嵌入 for 循环，在 for 循环中嵌入 while 循环。当两个（甚至多个）循环体相互嵌套时，位于外层的循环体常简称为外层循环或外循环，位于内层的循环体常简称为内层循环或内循环。循环嵌套有 4 种类型，while 循环中嵌套 while 循环、for 循

环中嵌套 for 循环（前两种比较常用）、while 循环中嵌套 for 循环以及 for 循环中嵌套 while 循环。

下面举例说明在 while 循环中嵌套 while 循环和在 for 循环中嵌套 for 循环这两种常用的循环嵌套。

4.4.1 while 循环中嵌套 while 循环

在 while 循环中嵌套 while 循环的语法如下。

```
1  while 判断条件：
2      while 判断条件：
3          内循环需要执行的代码
4      外循环需要执行的代码
5
6  循环以外的代码
```

下面看一个例子，用 while 嵌套循环来实现输出乘法表。

```
1  row = 1
2  while row <= 9:
3      col = 1
4      while col <= row:
5          print("%d*%d=%d\t" % (row, col, row*col), end = "")
6          col += 1
7      print()
8      row += 1
```

程序的输出结果如下。

```
1  1*1=1
2  2*1=2 2*2=4
3  3*1=3 3*2=6  3*3=9
4  4*1=4 4*2=8  4*3=12 4*4=16
5  5*1=5 5*2=10 5*3=15 5*4=20 5*5=25
6  6*1=6 6*2=12 6*3=18 6*4=24 6*5=30 6*6=36
7  7*1=7 7*2=14 7*3=21 7*4=28 7*5=35 7*6=42 7*7=49
8  8*1=8 8*2=16 8*3=24 8*4=32 8*5=40 8*6=48 8*7=56 8*8=64
9  9*1=9 9*2=18 9*3=27 9*4=36 9*5=45 9*6=54 9*7=63 9*8=72 9*9=81
```

循环嵌套结构的代码，Python 解释器执行的流程如下。

（1）当外循环的循环条件为 True 时，则执行外循环 (属于外循环的语句)，即当 row<=9 成立时，可以一直执行外循环。

（2）外循环体中包含了普通程序和内循环，当内循环的循环条件为 True，即 col <= row 时，则执行内循环，直到内循环的循环条件 col <= row 为 False，跳出内循环。

（3）如果此时外循环的循环条件仍为 True，则返回步骤（1），继续执行外循环体，直到外循环的循环条件为 False。

（4）当内循环的循环条件为 False，且外循环的循环条件也为 False 时，则整个循环嵌套才算执行完毕。

简而言之，while-while 循环嵌套中，当外循环满足条件后，开始执行属于外循环的内循环，等内循环全部执行完毕，如果还满足外循环的循环条件，则外循环再次执行，依次类推，直到跳出外循环。

如果要把多个乘法口诀输出在一行里，就需要用到 print() 函数的不换行输出方式。在默认情况下，print() 函数输出内容之后，会自动在内容末尾换行。如果不希望在末尾换行，可以在 print() 函数输出内容的后面增加 end=""，其中 "" 中间可以指定在 print() 函数输出内容之后希望继续显示的内容，可以用制表符或者其他的符号代替换行符。例如，"" 表示不换行；\t 表示在控制台输出一个制表符，使得输出的文本在垂直方向保持对齐；\n 表示在控制台输出一个换行符。

在 print() 函数中添加 end="",代码如下。

```
1  for i in range(5):
2      print(i,end="")
```

程序的输出结果如下。

```
1  01234
```

若不添加 end="",代码如下。

```
1  a=5
2  for i in range(a):
3      print(i)
```

则程序的输出结果如下。

```
1  0
2  1
3  2
4  3
5  4
```

4.4.2 for 循环中嵌套 for 循环

接下来介绍 for 循环中嵌套 for 循环,语法如下。

```
1  for i 变量 in 序列 :
2      for 变量 in 序列 :
3          内循环需要执行的代码
4      外循环需要执行的代码
5
6  循环以外的代码
```

下面是一个使用 for 循环中嵌套 for 循环实现输出乘法表的例子。

```
1  for line in range(1,10):
2      for row in range(1,line + 1):
3          s=str(line) + ' * ' + str(row) + ' = ' + str(line * row) + '  '
4          print(s, end='')
5      print()
```

下面是程序的输出结果。

```
1  1*1=1
2  2*1=2 2*2=4
3  3*1=3 3*2=6  3*3=9
4  4*1=4 4*2=8  4*3=12 4*4=16
5  5*1=5 5*2=10 5*3=15 5*4=20 5*5=25
6  6*1=6 6*2=12 6*3=18 6*4=24 6*5=30 6*6=36
7  7*1=7 7*2=14 7*3=21 7*4=28 7*5=35 7*6=42 7*7=49
8  8*1=8 8*2=16 8*3=24 8*4=32 8*5=40 8*6=48 8*7=56 8*8=64
9  9*1=9 9*2=18 9*3=27 9*4=36 9*5=45 9*6=54 9*7=63 9*8=72 9*9=81
```

在上述代码中内循环使用了外循环的遍历变量 line，通过 range(1, line + 1)，使得每次内循环的执行次数不同。

for 循环可以用来遍历某一对象，通俗点说，就是把这个对象中的第一个元素到最后一个元素依次访问一次。for 循环和 while 循环的相同点在于都能循环做一件事情；不同点在于，for 循环是在序列穷尽时停止，while 循环是在循环条件不成立时停止。但是不管是嵌套 for 循环还是嵌套 while 循环，每执行外循环一次，都要等待内循环全部完成或中止，才继续执行外循环，如此反复，直到外循环结束。

下面，我们继续讲解前面输出三维“字符金字塔”的例子。前一个例子仅输出了“金字塔”的轮廓，下面尝试输出“金字塔”的台阶。代码如下。

```
1  n = 10
2  for i in range(n):
3      if i == 0:
4          print(' ' * (n-1) + '*')
5          continue
6      if i <= int(n/2) + 1:
7          print(' '*(n-1-i) + '*', end='')
8          for j in range(i*2-1):
9              if (j % 2) == 0:
```

```
10                  print( '_', end='')
11              else:
12                  print( ' ', end='')
13          print('*', end='')
14          if i > 1:
15              for j in range(i-1):
16                  if (j % 2) == 0:
17                      print( '/', end='')
18                  else:
19                      print( ' ', end='')
20          print('*')
21          continue
22      if i <= n-2:
23          print(' '*(n-1-i) + '*', end='')
24          for j in range(i*2-1):
25              if (j % 2) == 0:
26                  print( '_', end='')
27              else:
28                  print( ' ', end='')
29          print('*', end='')
30          for j in range((n-1-i)*2-1):
31              if (j % 2) == 0:
32                  print( '/', end='')
33              else:
34                  print( ' ', end='')
35          print('*')
36          continue
37      if i == n-1:
38          print('*'*(n*2-1))
```

程序的输出结果如下。

```
1           *
2          *_**
3         *_ _*/*
4        *_ _ _*/ *
5       *_ _ _ _*/ /*
6      *_ _ _ _ _*/ / *
7     *_ _ _ _ _ _*/ / /*
8    *_ _ _ _ _ _ _*/ /*
9   *_ _ _ _ _ _ _ _*/*
10 *******************
```

上述代码很复杂，但 for 外循环的主体代码和前面的例子一致。新增的 for 内循环代码，主要是用来控制横线和斜线的效果。

“金字塔”的边是用星号（ * ）表示的，下面试试改成斜线，看看效果如何。

```
n = 9
for i in range(n):
    if i == 0:
        print(' ' * (n+1) + ' ☆ ')
        continue
    if i <= int(n/2)+1:
        print(' '*(n+1-i) + '/', end='')
        for j in range(i*2-1):
            if (j % 2) == 0:
                print( '_', end='')
            else:
                print( ' ', end='')
        print('\\', end='')
        if i > 1:
            for j in range(i-1):
                if (j % 2) == 0:
                    print( '/', end='')
                else:
                    print( ' ', end='')
        print('＼')
        continue
    print(' '*(n+1-i) + '/', end='')
    for j in range(i*2-1):
        if (j % 2) == 0:
            print( '_', end='')
        else:
            print( ' ', end='')
    print('\\', end=')
    for j in range((n-i)*2-1):
        if (j % 2) == 0:
            print( '/', end='')
        else:
            print( ' ', end='')
    print('')
```

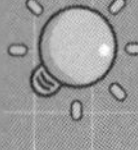

程序的输出结果如下。

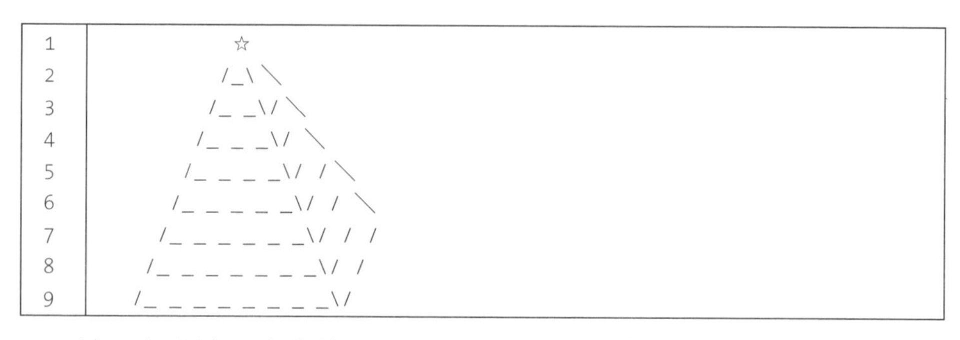

```
          ☆
         /_\ ＼
        /_ _\/ ＼
       /_ _ _\/  ＼
      /_ _ _ _\/ / ＼
     /_ _ _ _ _\/ /  ＼
    /_ _ _ _ _ _\/ /  /
   /_ _ _ _ _ _ _\/  /
  /_ _ _ _ _ _ _ _\/
```

注：在上述程序中使用了两个特殊符号，“＼”和“☆”。这两个符号可以从 Word 软件的插入字符中找到。

4.5 编程习题

（1）请使用 for 循环语句输出 1 ~ 100 的所有整数。

（2）请使用 while 循环语句输出 1 ~ 100 的所有整数。

（3）输出给定范围 0 和 n 之间可被 7 整除，不能被 8 整除的数字。

（4）请编写一个程序，使用循环嵌套，计算 $a + aa + aaa + aaaa$ 的值，输入数字作为 a 的值。假设输入的值为 9，输出结果应该是 11106。提示：提供给程序的输入数据，应该假定是通过键盘或其他外部设备输入的。

优雅的“记忆方式”

记忆力并不是智慧；但没有记忆力还成什么智慧呢？

——[德] 哈柏

在某个大赛上，为了保证公平性，将所有评委打出的一个最高分（如果有多个）和一个最低分去掉，再对剩余的分数求平均值，并将其作为每位参赛选手的最后得分。请设计一个程序来实现这个功能。想一想，只有在所有分数全部输入以后，才能知道最高分和最低分是多少。这就需要一定的空间来存储输入的所有分数，再逐个进行比较。在 Python 中，这种空间常常通过列表来实现。

在前面的章节里，我们已经学到了程序设计的 3 种结构——变量为主的顺序结构、条件选择结构、循环结构。所有的算法都是通过这 3 种结构的巧妙配合来实现的。

存储机制在算法设计中也是非常重要的。通常为了完成一个算法设计，除了 3 种程序结构，还需要一种类似表格的东西来记录中间的计算结果。这种类似表格的东西，就是序列。

5.1 序列

序列是 Python 中一种基本的数据结构（即数据的组合形式）。序列中的每个元素都有编号，称为索引。首个元素的索引为 0，然后分别是 1,2,3,…例如，我们要创建一位同学的信息。

```
1  >>> stu = ['章北海', '男', '175厘米']
```

这样就建好了一个序列，它记录了一位同学的相关信息。当在命令提示符后输入 stu 并按 Enter 键，会在下一行自动显示出该序列的内容。

```
1  >>> stu
2  ['章北海', '男', '175厘米']
```

一个序列中的内容也可能是序列，例如，可以将多个同学的信息共同构成一个序列 students，每个同学的信息也是一个序列。

```
1  >>> stu1 = ['章北海', '男', '175厘米']
2  >>> stu2 = ['庄妍', '女', '165厘米']
3  >>> stu3 = ['罗辑', '男', '180厘米']
4  >>> students = [stu1, stu2, stu3]
5  >>> students
6  [['章北海', '男', '175厘米'], ['庄妍', '女', '165厘米'],
    ['罗辑', '男', '180厘米']]
```

5.2 序列的常用操作

序列自带了一些非常有用的操作，包括索引、切片、相加、相乘以及成员判别。除此之外，序列还有一些内置函数，例如求序列中的最大值、最小值，以及求序列长度等函数。

5.2.1 索引

前面提到，序列中的每个元素均有对应的索引下标，首个元素的索引对应于 0，其后依次是 1,2,3…因此，可以在一对方括号中加入索引值来访问序列中的元素。例如上面的 students 序列，除了直接输入 stu2 外，还可以通过 students 中的索引值来间接访问 stu2。

```
1  >>> students[1]
2  ['庄妍', '女', '165厘米']
```

一定要注意，stu2 在 students 中的索引值为 1。

想一想，stu3 在 students 中的索引值是多少？是 2。有意思的是，Python 不仅给出了 0 和正整数的索引值，同时还照顾了负整数的“情绪”，让它们也派上了用场。如果从右往左数，遇到的第一个元素（也就是 stu3）的索引值就是 -1，是不是很有意思？

```
1  >>> students[-1]
2  ['罗辑', '男', '180厘米']
```

下面，我们来看一个简单的应用，输入两个正整数，分别代表年份和月份，输出这个月的天数（保证年份不超过 3000）。

```
1   # 将1～12月的天数依次存入序列，由于没有0月，所以首元素为0
2   months = [0,31,28,31,30,31,30,31,31,30,31,30,31]
3   year = int(input("请输入一个年份(1~3000): "))
4   month = int(input("请输入一个月份(1~12): "))
5   if month != 2:
6       print(months[month])
7   # 非整百的年份里，4的倍数均为闰年；整百的年份里，400的倍数均为闰年
8   elif year%4==0 and year%100!=0 or year%400==0:
9       print(29)
10  else:
11      print(28)
```

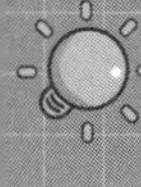

这个程序执行的结果如下。

```
1  请输入一个年份（1~3000）：2020
2  请输入一个月份（1~12）：2
3  29
```

5.2.2 切片

除了使用索引逐个访问序列中的元素外，还可以使用切片来访问序列中一段连续的、固定间隔的元素，这需要用冒号隔开的 3 个整数 a:b:c 来表示，意味着从索引 a 开始，步长为 c（即相邻两个索引之差），不得到达索引 b（即最大索引值必须小于 b）的所有元素，例如以下代码。

```
1  >>> num = [0, 1, 2, 3, 4, 5, 6, 7, 8, 9]
2  >>> num[1:7:2]
3  [1, 3, 5]
```

当然，并不一定要将切片中的 3 个数都给出。

```
1   # 仅有一个冒号，访问所有元素
2   >>> num[:]
3   [0, 1, 2, 3, 4, 5, 6, 7, 8, 9]
4   # 仅给出了 a 的值，值为 3，访问从索引 3 开始的所有元素
5   >>> num[3:]
6   [3, 4, 5, 6, 7, 8, 9]
7   # 仅给出了 b 的值，值为 7，访问从索引 0 开始到索引 7 之前的所有元素
8   >>> num[:7]
9   [0, 1, 2, 3, 4, 5, 6]
10  # 仅给出了 c 的值，值为 3，访问从索引 0 开始，以 3 为步长访问序列中的元素
11  >>> num[::3]
12  [0, 3, 6, 9]
13  # 索引可以是负数
14  >>> num[-5::2]
15  [5, 7, 9]
```

下面输入一个 18 位的身份证号，判断出该同学的出生日期。

```
1  id = input("请输入18位身份证号：")
2  year = id[6:10]
3  month = id[10:12]
4  day = id[12:14]
5  print(year+"年"+month+"月"+day+"日")
```

程序执行结果如下。

```
1  请输入18位身份证号：110101201003073634
2  2010年03月07日
```

5.2.3 相加

加号在序列里有不同的用法，它可以将两个序列拼接起来。

```
1  >>> [1,2,3] + [5,6,7]
2  [1, 2, 3, 5, 6, 7]
```

注意，拼接后的序列是全新的序列，原来的两个序列并没有改变。

```
1  >>> a = [1,2,3]
2  >>> b = [5,6,7]
3  >>> c = a + b
4  >>> a
5  [1, 2, 3]
6  >>> b
7  [5, 6, 7]
8  >>> c
9  [1, 2, 3, 5, 6, 7]
```

5.2.4 相乘

乘法在序列中的应用非常有意思，充分体现了英文“times”的含义——当一个序列与整数 n 相乘时，将重复该序列 n 次来创建一个新的序列。

```
1  >>> a * 5
2  [1, 2, 3, 1, 2, 3, 1, 2, 3, 1, 2, 3, 1, 2, 3]
```

5.2.5 成员判别

Python 专门提供了一个运算符 in，除了在 for 循环中用于枚举元素，还可用来判别一个元素是否存在于某序列中。若存在，则返回 True，否则返回 False。

```
1  >>> 1 in a
2  True
3  >>> 5 in a
4  False
5  >>> 'o' in 'John'
6  True
```

下面做一个默写单词的小程序。

```
1   dict = [
2       ['一', 'one'],
3       ['二', 'two'],
4       ['三', 'three'],
5       ['四', 'four'],
6       ['五', 'five'],
7   ]
8   for i in dict:
9       print(i[0] + ':')
10      a = input()
11      if [i[0],a] in dict:
12          print('Correct')
13      else:
14          print('Wrong')
15  print('done')
```

程序执行结果如下。

```
1  一:one
2  Correct
3  二:two
4  Correct
5  三:tree
```

```
6	Wrong
7	四 :five
8	Wrong
9	五 :five
10	Correct
11	done
```

5.2.6 内置函数

在介绍循环的时候，实际上已经用到了序列的内置函数 len()，除此之外，min() 和 max() 也比较常用。len() 用于返回序列中的元素个数，min() 用于返回序列的最小值，max() 则用于返回序列的最大值。

```
1	>>> a = [3, 5, 6, 9, 1]
2	>>> len(a)
3	5
4	>>> min(a)
5	1
6	>>> max(a)
7	9
```

5.3 列表

前面的例子中已经使用过列表，它与元组和字符串一样，是序列的一种。与它们不同的是，列表是可变的，内容可以修改。此外，列表还有很多特别的使用方法。

5.3.1 list() 函数

当想要修改元组和字符串的内容时，会遇到如下错误（提示字符串类型并不支持元素赋值修改）。

```
>>> a = 'hollo'
>>> a[1] = 'e'
---------------------------------------------------------------------------
TypeError                                 Traceback (most recent call last)
<ipython-input-1-b938e2360015> in <module>
      1 a = "hollo"
----> 2 a[1] = 'e'

TypeError: 'str' object does not support item assignment
```

需要先使用 list() 函数将其转换为列表，然后对元素赋值修改。

```
>>> a = 'hollo'
>>> a = list(a)
>>> a[1] = 'e'
>>> a
['h', 'e', 'l', 'l', 'o']
>>> a = ''.join(a)
>>> a
'hello'
```

5.3.2　列表的基本操作

如上面的程序执行结果所示，如果想要把字符列表转换为字符串，需要使用表达式 ''.join(listname)。

由此，可以通过这种方法，再结合之前序列中的通用操作，对字符串做更多的处理。

1. 删除元素

使用 del 语句，后面加上要删除的元素的索引即可。

```
>>> a = ['zero', 'one', 'two', 'three', 'four', 'five', 'six']
>>> del a[3]
>>> a
['zero', 'one', 'two', 'four', 'five', 'six']
```

当然，也可以删除一个切片。

```
1  >>> a = ['zero', 'one', 'two', 'three', 'four', 'five', 'six']
2  >>> del a[3:5]
3  >>> a
4  ['zero', 'one', 'two', 'five', 'six']
```

2. 给切片赋值

切片极大地提高了编程的效率，使得本来需要借助循环语句才能完成的任务，编写几行代码就可以解决。例如，将一个以 re 开头的字符串改为 recycle。

```
1  >>> a = 'rename'
2  >>> a = list(a)
3  >>> a[2:] = list('cycle')
4  >>> a = ''.join(a)
5  >>> a
6  'recycle'
```

不仅如此，我们还可以在原有字符串中插入新元素。

```
1  >>> a = 'ree'
2  >>> a = list(a)
3  >>> a[2:2] = list('nam')
4  >>> a = ''.join(a)
5  >>> a
6  'rename'
```

5.3.3 列表方法

这里所说的方法指的是列表的内置函数。方法调用与函数调用很像，只是要在方法名前加上列表名和句点。内置函数有一个特点，对列表进行增、删、查、改等操作，都是在该列表中修改，不会产生新的列表。

1. append()

append() 方法用于将一个对象添加到列表末尾。

```
1  >>> a = [1, 2, 3]
2  >>> a.append(4)
3  >>> a
4  [1, 2, 3, 4]
```

这里 append() 方法是在原有列表后添加了一个 4，并没有创建新的列表。

2. clear()

clear() 方法用于清空列表。

```
1  >>> a = [1, 2, 3]
2  >>> a.clear()
3  >>> a
4  []
```

使用切片也可以达到同样的效果。

```
1  >>> a = [1, 2, 3]
2  >>> a[:] = []
3  >>> a
4  []
```

3. copy()

copy() 方法用于创建一个当前列表的副本。普通的赋值运算只是将两个列表名称关联在同一个列表上，或者说给一个列表起了两个名字而已。

```
1  >>> a = [1, 2, 3]
2  >>> b = a
3  >>> b[0] = 9
4  >>> a
5  [9, 2, 3]
```

如上述代码，将 a 赋给 b 后，修改 b 的值，就相当于修改 a 的值。

如果我们仅仅想让 b 是 a 的一个副本，不再随 a 变化，就需要借助 copy() 方法。

```
1  >>> a = [1, 2, 3]
2  >>> b = a.copy()
3  >>> b[0] = 9
4  >>> a
5  [1, 2, 3]
```

同样，我们巧妙地使用切片操作，也可以达到相同的效果。

```
1  >>> a = [1, 2, 3]
2  >>> b = a[:]
3  >>> b[0] = 9
4  >>> a
5  [1, 2, 3]
```

更有意思的是，我们还可以使用 list(a) 完成同样的任务。

```
1  >>> a = [1, 2, 3]
2  >>> b = list(a)
3  >>> b[0] = 9
4  >>> a
5  [1, 2, 3]
```

4. count()

count() 方法用于计算指定元素在列表中出现的次数。

```
1  >>> a = [1, 2, 3, 2, 4, 2]
2  >>> a.count(2)
3  3
```

5. extend()

extend() 方法可以将一个列表的元素添加到另一个列表的末尾。

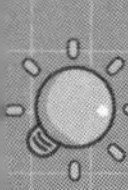

```
1  >>> a = [1, 2, 3]
2  >>> b = [4, 5, 6]
3  >>> a.extend(b)
4  >>> a
5  [1, 2, 3, 4, 5, 6]
```

需要提醒一下，这个效果看上去类似前面介绍的“+”拼接运算，不同之处在于，extend() 方法是在列表 a 上直接修改，没有产生新的列表。

6. index()

index() 方法用于在列表中查找一个元素第一次出现的位置。

```
1   >>> a = ["one", "two", "three", "four", "five"]
2   >>> a.index("two")
3   1
4   >>> a.index("to")
5   ---------------------------------------------------------------------------
6   ValueError                        Traceback (most recent call last)
7   <ipython-input-6-c2cb7fb6356c> in <module>
8         1 a = ["one", "two", "three", "four", "five"]
9   ----> 2 a.index("to")
10
11  ValueError: 'to' is not in list
```

当要查找的元素不在列表中时，会引发异常。

7. insert()

insert() 方法用于将一个元素插入列表，它需要两个参数，第一个参数是要插入位置的索引，第二个参数是插入的内容。

```
1  >>> a = ["one", "two", "three", "four", "five"]
2  >>> a.insert(3, "too")
3  >>> a
4  ['one', 'two', 'three', 'too', 'four', 'five']
```

当然，用切片也可以实现这样的效果，但是代码的可读性就不强了。

8. pop()

pop() 方法用于从列表中删除一个元素（默认为最后一个元素），并返回这个元素。

```
1  >>> a = ["one", "two", "three", "four", "five"]
2  >>> a.pop()
3  'five'
4  >>> a.pop(2)
5  'three'
6  >>> a
7  ['one', 'two', 'four']
```

9. remove()

remove() 方法可以用于删除列表中第一次出现的指定值。

```
1  >>> a = ["one", "two", "three", "four", "five", "four"]
2  >>> a.remove("four")
3  >>> a
4  ['one', 'two', 'three', 'five', 'four']
```

它和 pop() 方法很相似，pop() 方法需要提供待删除元素的索引，remove() 方法需要提供待删除元素的值，另外，remove() 方法不会返回这个被删除的元素。

10. reverse()

reverse() 方法用于将列表中的元素按相反的顺序排列。

```
1  >>> a = ["one", "two", "three", "four", "five"]
2  >>> a.reverse()
3  >>> a
4  ['five', 'four', 'three', 'two', 'one']
```

11. sort()

sort() 方法用于对列表元素在该列表中直接重新排序，也就是说，元素的顺序会发生改变，而不是返回一个排好序的副本。

```
1  >>> a = [3, 9, 2, 0, 8, 1, 4, 7, 5, 6]
2  >>> a.sort()
3  >>> a
4  [0, 1, 2, 3, 4, 5, 6, 7, 8, 9]
```

如果只是想得到一个列表已排好序的副本，并不想改变原列表，可以考虑结合 copy() 方法来实现。

```
1  >>> a = [3, 9, 2, 0, 8, 1, 4, 7, 5, 6]
2  >>> b = a.copy()
3  >>> b.sort()
4  >>> b
5  [0, 1, 2, 3, 4, 5, 6, 7, 8, 9]
6  >>> a
7  [3, 9, 2, 0, 8, 1, 4, 7, 5, 6]
```

需要注意的是，sort() 方法本身并不返回值，所以不要像下面这样做。

```
1  >>> a = [3, 9, 2, 0, 8, 1, 4, 7, 5, 6]
2  >>> b = a.sort()
3  >>> print(b)
4  None
```

a.sort() 不返回任何值，因此 b 是个空列表。

12. 高级排序

sort() 方法还可以添加两个参数，key 和 reverse。这两个参数通常叫关键字参数，其中 key 是一个用作排序依据的参数，reverse 顾名思义，就是反序。

```
>>> a = ["one", "two", "three", "four", "eleven"]
>>> a.sort(key=len)
>>> a
['one', 'two', 'four', 'three', 'eleven']
>>> a.sort(key=len, reverse=True)
>>> a
['eleven', 'three', 'four', 'one', 'two']
>>> a.sort(key=pop)
```

key 参数也可以自定义，例如，我们要按最后一个字母进行排序。

```
>>> def pop(x):
        return x[-1]
>>> a = ["one", "two", "three", "four", "eleven"]
>>> a.sort(key=pop)
>>> a
['one', 'three', 'eleven', 'two', 'four']
```

我们来完成一个程序，输入 10 个整数，去掉其中的一个最大值以及一个最小值，然后求剩余数的平均值。

```
i = 1
# 先构造一个空列表
nums = []
while i <= 10:
    a = int(input('请输入第{}个数：'.format(i)))
    nums.append(a)
    i += 1
nums.remove(min(nums))
nums.remove(max(nums))
sum = 0
for i in nums:
    sum += i
print(sum/len(nums))
```

程序的执行结果如下。

```
请输入第 1 个数：1
请输入第 2 个数：2
请输入第 3 个数：3
请输入第 4 个数：4
```

```
5    请输入第 5 个数: 5
6    请输入第 6 个数: 6
7    请输入第 7 个数: 7
8    请输入第 8 个数: 8
9    请输入第 9 个数: 9
10   请输入第 10 个数: 10
11   5.5
```

5.4 元组

元组也是序列的一种，但它与列表不同，是不可修改的。要创建元组非常简单，只要输入一些用逗号隔开的值即可。

```
1    >>> 100, "cake", 3.8
2    (100, 'cake', 3.8)
```

当然，也可以像下面代码显示的那样，用圆括号把内容括起来。

```
1    >>> (100, "cake", 3.8)
2    (100, 'cake', 3.8)
```

如果只输入一对空的圆括号，则会创建一个空元组。

```
1    >>> ()
2    ()
```

即使要创建的元组只有一个元素，也必须在元素后输入一个逗号，否则不会被当成元组创建，加上圆括号也不行。

```
1    >>> (5)
2    5
3    >>> (5,)
4    (5,)
5    >>> 5,
6    (5,)
```

有时候多一个逗号就会完全改变结果。

```
>>> 5*(3+5)
40
>>> 5*(3+5,)
(8, 8, 8, 8, 8)
```

元组也有和 list() 一样的方法——tuple()，它用来将一个序列转换为元组。

```
>>> tuple(['one', 'two', 'three'])
('one', 'two', 'three')
>>> tuple('five')
('f', 'i', 'v', 'e')
```

所有序列的通用操作，也同样适用于元组，例如切片。

```
>>> x = tuple('five')
>>> x[2:]
('v', 'e')
```

如你所见，由于元组不允许修改，所以并不复杂。

下面我们用元组来完成一个程序，输入一个 1 ~ 12 中的整数，输出对应月份的英文单词。

```
#从第 1 个位置开始输入 1 月
x = '','January','February','March','April','May','June','July',
    'August','September','October','November','December'
m = input('请输入一个 1 ~ 12 中的整数：')
print(x[int(m)])
```

程序执行的结果如下。

```
请输入一个 1 ~ 12 中的整数：10
October
```

5.5 字符串

字符串也是一种不可修改的序列，它有非常多的方法，在这里我们

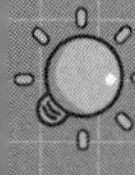

仅挑一些比较常见的学习一下。

1. center()

center() 方法用于在字符串两边填充字符（默认是空格）来使字符串居中。

```
1  >>> "I'm a new student.".center(40)
2  "          I'm a new student.          "
3  >>> "I'm a new student.".center(40, '*')
4  "**********I'm a new student.**********"
```

2. find()

find() 方法用于在字符串中查找子串。如果找到，就返回子串的第一个字符的索引，否则返回 -1。

```
1  >>> "I'm a new student.".find('stu')
2  10
3  >>> "I'm a new student.".find('oo')
4  -1
```

还可以指定查找的起点和终点，如果只指定了起点，终点默认就是字符串的结尾。

```
1  >>> "I'm a new student.".find('stu', 0, 9)
2  -1
3  >>> "I'm a new student.".find('stu', 8)
4  10
```

3. join()

顾名思义，join() 方法用于将两个字符串序列合并。

```
1  >>> seq = list("12345")
2  >>> sep = '+'
3  >>> sep.join(seq)
4  '1+2+3+4+5'
```

```
5	>>> dirs = '', 'home', 'root', 'Document'
6	>>> '/'.join(dirs)
7	'/home/root/Document'
```

4. lower()

lower() 方法用于返回字符串的全小写版本。

```
1	>>> y = 'The Yangtzi River'
2	>>> y.lower()
3	'the yangtzi river'
4	>>> y
5	'The Yangtzi River'
```

y 的值并未因为调用了 lower() 方法而发生变化，lower() 方法只是产生了新的副本。

5. replace()

replace() 方法用于将指定的某个子串全部替换为另一个子串。

```
1	>>> y = 'The Yangtzi River'
2	>>> y.replace('Yangtzi', 'Yellow')
3	'The Yellow River'
4	>>> y
5	'The Yangtzi River'
```

同 lower() 方法一样，replace() 方法也是产生了一个副本。

6. split()

与 join() 方法相反，split() 方法用于将字符串按某个分隔符拆分为序列。默认是在单个或多个连续的空白符（空格、Tab 制表符以及换行符）处进行拆分，当然也可以指定分隔符。

```
1	>>> y = 'The Yangtzi River'
2	>>> y.split()
3	['The', 'Yangtzi', 'River']
```

```
4   >>> y = '2020-05-04'
5   >>> y.split('-')
6   ['2020', '05', '04']
```

7. strip()

strip() 方法用于将字符串开头和末尾的空白删除，并将结果返回。

```
1   >>> y = '      2020-05-04      '
2   >>> y.strip()
3   '2020-05-04'
```

还可以在参数中指定要删除哪些字符。

```
1   >>> y = '  ***   2020-05-04   ***     '
2   >>> y.strip(' *')
3   '2020-05-04'
```

请注意，这个方法只删除字符串开头和末尾的指定字符，中间出现的指定字符不会被删除。

5.6　编程习题

（1）输入一个 1 ～ 7 的整数，输出对应星期的英文。

（2）输入一个年份和一个月份，输出该年该月的天数。

（3）输入 *n* 个整数，连续进行 *q* 次询问，每次对这 *n* 个整数在 [L, R] 范围内的求和。

（4）创建一个空列表，命名为 names，往里面添加 Ada、LiLei、Ray、Jack、Cindy、Puppy 和 Black 元素。输出 names 列表中索引 2 ～ 6 的元素，步长为 2。

（5）取出 names 列表中索引 2 ～ 6 的元素，步长为 2。

函数是什么

很多人小时候都玩过搭积木，一个很复杂的“建筑物”可以通过许多简单的积木块组合而成。用 Python 开发软件也像搭积木，一个功能强大的软件由许多“积木块”组合而成，而这些“积木块”就是函数。前面 5 章介绍的所有知识，都可以看作函数的组成部分。

函数可以把一个复杂的编程过程拆分，化繁为简。同时，使用函数也易于把任务分解给小组中的不同成员，便于大家共同完成一个作品。本章我们来学习有关 Python 函数的知识。

6.1 为什么要使用函数

在前面的学习中，我们已经使用了很多函数，例如 print()、input()……函数的作用到底是什么呢？

大家在上学路上遇到同学时通常都会打个招呼，“早上好！”“早饭吃了吧？”“今天谁送你上学的？”，诸如此类。下面是菡菡上学途中和 3 位同学的对话。

```
1  # 菡菡遇到了小明，打招呼说：
2  早上好
3  早饭吃了吗？
```

```
4    # 菡菡又碰到了阳阳，打招呼说：
5    早上好
6    早饭吃了吗？
7    # 菡菡又遇到了小桐，打招呼说：
8    早上好
9    早饭吃了吗？
```

菡菡同学好像词汇比较匮乏，见到谁都说这两句话。以下的 Python 代码模拟了菡菡和 3 位同学的对话过程。

```
1    print("# 菡菡遇到了小明，打招呼说：")
2    print(" 早上好 ")
3    print(" 早饭吃了吗？ ")
4    print("# 菡菡又碰到了阳阳，打招呼说：")
5    print(" 早上好 ")
6    print(" 早饭吃了吗？ ")
7    print("# 菡菡又遇到了小桐，打招呼说：")
8    print(" 早上好 ")
9    print(" 早饭吃了吗？ ")
```

其中有两行代码是反复出现的，如果再遇到其他同学，这两行代码还会出现。这就是代码中需要重复做的一件事。这时我们就可以把重复的代码提取出来，定义成函数，代码如下。

```
1    def sayHello():
2        print(" 早上好 ")
3        print(" 早饭吃了吗？ ")
4
5    print("# 菡菡遇到了小明，打招呼说：")
6    sayHello()
7    print("# 菡菡又碰到了阳阳，打招呼说：")
8    sayHello()
9    print("# 菡菡又遇到了小桐，打招呼说：")
10   sayHello()
```

上面代码是一个完整的程序，前 3 行定义了一个函数，函数名是

sayHello，函数内容包含第 2 行和第 3 行。

6.2 函数语法定义

使用函数可以对一个复杂的编程过程进行拆分，达到化繁为简的效果。例如，班级要进行大扫除，班主任把全班 50 位同学分为 5 组，每组负责不同的工作，共同完成大扫除。在编写程序时，每个函数就好比每个组，都负责完成各自的工作，所有函数组合在一起可以实现完整的功能。

Python 中定义函数使用 def 关键字，后面的依次是函数名、参数列表、函数体和返回值，函数定义语法如下。

```
1   def 函数名(参数1, 参数2, ..., 参数N):
2       函数体
3       return 返回值
```

（1）函数名。可以是任意字母或字母与数字的组合（不能以数字开头），虽然可以随意命名，但函数名要有一定含义，根据这个函数所实现的功能来命名，就好比用几个词总结段落含义一样。例如 sayHello 是问好、drawCircle 是画圈等。

（2）参数列表。函数名后面紧跟着一对圆括号和冒号，圆括号中又可以有很多参数，这些参数叫作函数的参数列表。参数的作用是“调节”函数执行的效果。就好比手机屏幕可以调亮一些或暗一些，其亮度值就是一个参数。一个函数必须有函数名，但可以没有参数，也可以有多个参数。参数的个数一般不会太多。后面还会详细介绍

带参数函数的用法。

（3）函数体。函数执行的具体内容，由多行代码组成，我们前面介绍过的变量赋值和运算、条件语句、循环语句和列表等，都可以在函数体中出现。函数体中的每行代码必须采用缩进格式，至少要比函数定义语句 def 缩进 1 个或多个空格，这样 Python 才知道哪些代码是属于这个函数的。这一点和在条件语句或循环语句中采用缩进表示一个代码块是相同道理。

（4）返回值。函数体最后执行完成得到的结果。例如我们定义一个函数，功能是计算 1+2+3+…+10 的值，最后求出的和就可以作为返回值“交付”给主程序。返回值不是必须的，例如之前介绍的函数 sayHello() 就没有返回值。

6.3 程序执行过程

在前面我们学习了程序的结构，包括顺序结构、循环结构、条件结构等，本节将介绍程序中的函数和其他代码之间是如何相互作用、实现功能的。

6.3.1 代码块

在一段 Python 代码中可以出现零个、一个或多个函数，加上函数后的代码块变得稍微复杂。出现在函数中的代码叫作函数体代码，而没有出现在函数中的代码可称作主程序代码。主程序代码可以调用函数，从而执行函数体代码。图 6-1 是一个程序中调用多个函数的示例。

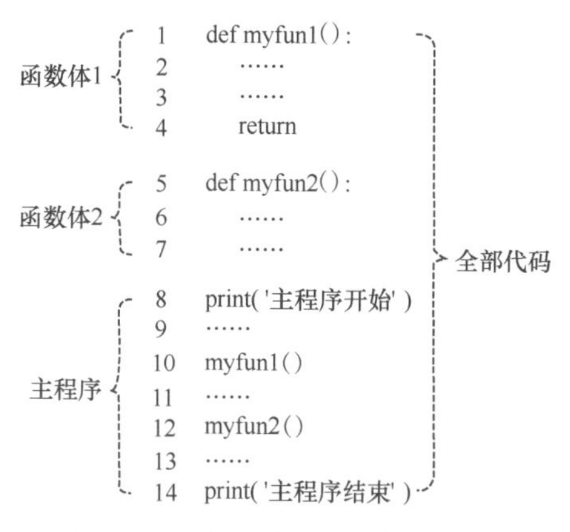

◎图 6-1　多函数代码模块示例图

函数体和主程序都叫作代码块，Python 程序就是由多个代码块组合而成的。

6.3.2　程序执行顺序

主程序中的代码从上至下逐行执行，如果遇到条件语句或循环语句，执行顺序会发生改变，但总体上还是顺序向下执行的。而函数体代码则不会自动执行，除非函数被主程序调用。如果把整段代码的执行过程比作一场演出，主程序代码就好比主持人，而各个函数就是多个节目，主持人叫到谁的名字就轮到谁上场，没被叫到的则一直待命。如果一个函数一直没有被调用，则该函数体代码永远也不会被执行。

上面定义的 sayHello() 函数的执行过程如图 6-2 所示。

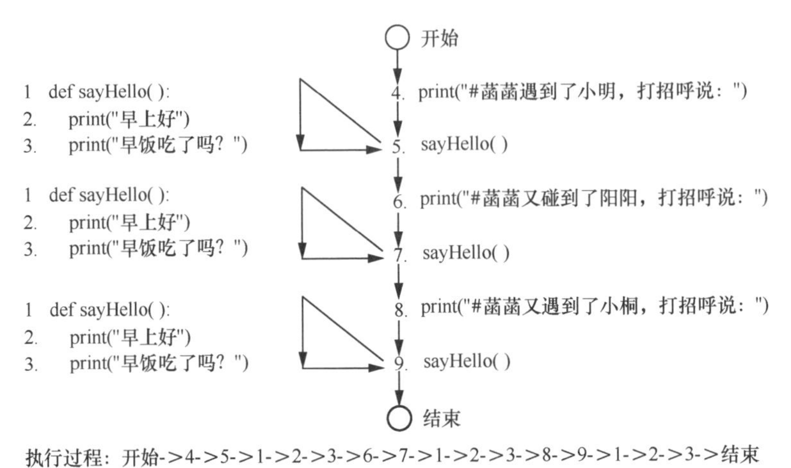

◎图 6-2　sayHello() 函数的执行过程

在上面代码的执行过程中，sayHello() 函数执行了 3 次，有同学可能会问，那这种函数的重复调用不是和前面介绍的循环语句一样，都是多次执行同样的一段代码吗？的确，两者都可以实现代码重复执行，但是使用场合不同。

（1）循环是带有先决条件地重复执行同一段代码。我们可以事先设定好重复的次数（例如 for 循环）或重复的前提条件（例如 while 循环），使用循环语句就是为了实现重复做某事。

（2）函数的执行是我们在代码中控制的，调用一次函数，函数就会执行一次；如果调用多次，就会执行多次。使用函数首先是为了给代码分模块、拆分任务，其次才是为了代码简洁，方便多次使用。

函数的使用也叫作函数调用，下面接着介绍。

6.4 简单函数调用

定义好函数之后，我们就可以调用函数，从而简化代码。

6.4.1 如何执行函数

函数定义好之后，并不会自动执行，而是由主程序调用才会执行。在调用函数时只需要把函数名和参数写在主程序代码里面即可。调用 sayHello() 函数的代码如下。

```
1   >>> def sayHello():
2           print(" 早上好 ")
3           print(" 早饭吃了吗？ ")
4
5   >>>
6   >>> sayHello()
7   早上好
8   早饭吃了吗？
9   >>> sayHello
10  <function sayHello at 0x0000000001E73E18>
```

第 6 行代码调用了 sayHello() 函数，第 7、8 行是函数执行结果。如果调用函数时只写函数名而不写后面的括号，是语法错误，就不会得到正确结果，如第 10 行所示。括号中要放入函数的参数，由于 sayHello() 函数没有参数，只写 () 即可，但不能不写括号。

6.4.2 函数嵌套调用

在函数里面还可以再调用其他函数，代码如下。

```
1   def saySunny():
2       print(" 今天的天气真好 ")
3
4   def sayHello():
```

```
5        saySunny()
6        print(" 早上好 ")
7        print(" 早饭吃了吗？ ")
8
9    print("# 菡菡遇到了小明，打招呼说 ")
10   sayHello()
```

在 sayHello() 函数中又调用了 saySunny() 函数，执行结果如下。

```
1    # 菡菡遇到了小明，打招呼说
2    >>> sayHello()
3    今天的天气真好
4    早上好
5    早饭吃了吗？
```

函数定义之后，在哪调用可以随意指定。我们可以在循环中调用函数，代码如下。

```
1    def sayHello():
2        print(" 早上好 ")
3        print(" 早饭吃了吗？ ")
4
5    i=1
6    while(i<=5):
7        sayHello()
8        i=i+1
```

函数调用也会出错。在一个 Python 程序中，函数必须要先定义再使用，不能把定义函数的代码块放在调用代码的后面。例如以下代码是错误的。

```
1    i=1
2    while(i<=5):
3        sayHello()
4        i=i+1
5
6    def sayHello():
7        print(" 早上好 ")
```

```
8	    print("早饭吃了吗？ ")
9
10	#执行时会出现下面的错误信息
11	Traceback (most recent call last):
12	  File "<stdin>", line 2, in <module>
13	NameError: name 'sayHello' is not defined
```

错误信息的意思是，sayHello 这个名字没有被定义，它既不是变量名，也不是函数名。虽然在后面代码中定义了 sayHello() 函数，但是也不行，函数必须在调用之前定义。

6.4.3 函数嵌套定义

Python 可以在函数内部再定义和使用函数。下面的例子在 sayHello() 函数里面定义并使用了 saySunny() 函数。

```
1	def sayHello():
2	    print("早上好")
3	    def saySunny():
4	        print("今天的天气真好")
5	    saySunny()
6	    print("早饭吃了吗？ ")
7
8	print("#主程序开始")
9	sayHello()
```

代码执行结果如下。

```
1	#主程序开始
2	早上好
3	今天的天气真好
4	早饭吃了吗？
```

这就是编程神奇的地方！嵌套定义函数虽然可以执行，但是大家要避免这种写法，因为代码阅读起来给人的感觉怪怪的。

6.5 带参数的函数

当定义函数时，我们可以为函数定义参数。参数允许我们传入值，从而给函数传递信息。

6.5.1 如何使用函数的参数

调用函数时，只需要在主程序中书写函数名和括号即可。主程序除了可以“命令”函数做事情之外，还可以传递一些数据给函数，供函数执行时使用。就好比班级大扫除时除了给每组分配工作内容外，还要提出一些具体的要求和分配必要的工具。分配给函数的“工具”叫作参数。

函数参数可以有零个、一个或多个。前面的 sayHello() 函数就有零个参数。如果有多个参数，这些参数都必须定义在函数名后的括号里面，这叫作参数列表。参数名就是一些变量名字，这些名字可以在函数体中直接使用。

我们可以把之前的 sayHello() 函数加上参数，在问候对方的时候加上称呼，代码如下。

```
1  def sayHello2(name):
2      print(" 早上好 ," , name)
3      print(" 早饭吃了吗？ ")
4  print("# 菡菡遇到了小明，打招呼说 ")
5  sayHello2(" 小明 ")
6  print("# 菡菡又碰到了阳阳，打招呼说 ")
7  sayHello2(" 阳阳 ")
8  print("# 菡菡又遇到了小桐，打招呼说 ")
9  sayHello2(" 小桐 ")
```

第 1 行 sayHello2() 函数有一个参数 name，在第 2 行使用了该参数，而给参数赋值是在第 5、7、9 行。代码执行的结果如下。

```
1  # 菡菡遇到了小明，打招呼说
2  早上好，小明
3  早饭吃了吗？
4  # 菡菡又碰到了阳阳，打招呼说
5  早上好，阳阳
6  早饭吃了吗？
7  # 菡菡又遇到了小桐，打招呼说
8  早上好，小桐
9  早饭吃了吗？
```

6.5.2 参数的赋值方式

Python 中定义函数时可以定义多个参数，在函数调用时必须为每个参数赋值，函数才可以正常执行。下面的函数用于实现计算两个数的平均值。

```
1  def avgValue(arg1, arg2):
2      print((arg1 + arg2) / 2)
3  print("10+15 的平均值是 ")
4  avgValue(10,15)
5  avgValue(14-20/5,15)
6  x = 14-20/5
7  y = 15
8  avgValue(x, y)
```

在传递函数参数时，除了使用固定值之外，还可以使用变量或表达式，例如上面代码的第 5 行和第 8 行。

如果调用函数时参数赋值错误，则会出现语法错误，函数也不会被执行。如下面代码在调用 avgValue() 函数时多提供了一个参数，程序无法继续执行。

```
1  >>> avgValue(10,15,3)
2  Traceback (most recent call last):
3  File "<stdin>", line 1, in <module>
4  TypeError: avgValue() takes 2 positional arguments but 3 were given
```

两个数求平均值就定义两个参数；3 个数求平均值就定义 3 个参数，那如果 10 个数求平均值是不是就要定义 10 个参数了？那 20 个数又该怎么办呢？ Python 虽然支持函数定义很多参数，但是我们实际写代码时不要定义太多。参数可以是简单变量，也可以是列表、字典等数据结构，这些数据结构能把很多值一起传给函数。下面代码实现对列表中的元素求平均值。

```
1  def avgValue2(lst):
2      sum = 0
3      for number in lst:
4          sum += number
5      print(sum / len(lst))
6
7  numbers = [1,3,5,7,9,11]
8  print("列表的平均值是")
9  avgValue2(numbers)
```

Python 还提供了一种支持任意多个参数的语法，即 avgValue(*lst)。“*lst”表示一个元组，里面可以容纳零个或多个参数，前端就可以调用任意个数的参数。

6.5.3　变量的定义

接下来我们讨论一个有意思的话题。既然函数在调用时必须按照定义时的参数个数来赋值，也就是说函数名和函数参数共同确定一个函数，那如果在定义函数时使用不同的参数个数来区分函数，结果又会怎样呢？我们下面来看一段代码。

在第 1 行和第 7 行定义了同名的函数 avgValue()，但是参数个数不同。在第 5 行和第 11 行分别调用两个函数，函数可以正常执行。

```
1   def avgValue(arg1, arg2):
2       print((arg1 + arg2) / 2)
3
4   print("6+10 的平均值是 ")
5   avgValue(6,10)
6
7   def avgValue(arg1, arg2, arg3):
8       print((arg1 + arg2 + arg3) / 2)
9
10  print("6+10+20 的平均值是 ")
11  avgValue(6,10,20)
12
13  print("7+8 的平均值是 ")
14  avgValue(7,8)
```

下面是执行结果，但是在第 14 行 avgValue(7, 8) 执行的时候出错了，提示信息说缺少参数 arg3 的值。这又是为什么呢？

```
1   6+10 的平均值是
2   8.0
3   6+10+20 的平均值是
4   18.0
5   7+8 的平均值是
6   Traceback (most recent call last):
7     File "6-9.py", line 14, in <module>
8       avgValue(7,8)
9   TypeError: avgValue() missing 1 required positional argument: 'arg3'
```

Python 中的函数定义有点类似于变量赋值。相同名字的变量如果被多次赋值，那么后面的值会覆盖前面的值，Python 只“认识”最后一次赋的值。函数名相当于变量名，如果使用不同数量的参数来多次定义函数，Python 也只能识别出最后一次定义的函数。

6.5.4 形式参数和实际参数

如果两个函数的函数名相同，参数个数也相同，但是参数名不同，这样定义的是不是两个不同的函数呢？下面我们再来看一段代码。

```
1  def setValue(arg1, arg2):
2      print((arg1 + arg2) / 2)
3
4  def setValue(x, y):
5      print((x + y) * 2)
6
7  print("setValue(6,10) 执行结果是 ")
8  setValue(6,10)
```

上面定义了函数名为 setValue 的函数，参数个数相同，但参数名一个是 arg1、arg2，一个是 x、y。在这种情况下调用函数后，执行的是哪一个呢？输出的结果是 8 还是 32 呢？读者可以自己运行一下试试看。

上面定义的两个函数是完全相同的，虽然参数名不一样，在调用时 Python 会选择第二个。定义函数时，括号中的参数只有名字，而没有值，这个参数叫作形式参数。而调用函数时，例如 setValue(6,10) 只需要提供函数参数的值，而不需要参数名，这个参数值叫作实际参数。Python 在执行时会自动给 arg1 分配值 6，给 arg2 分配值 10。这就好比打扫卫生时，第一小组分配 5 名同学负责擦窗户，但具体是谁却未指定。在开始干活前，再由班长指定具体的 5 名同学，这 5 名同学就相当于实际参数。

因此，我们在定义函数时，不要使用函数名相同而参数名或参数个数不同的定义方法，以免出错。

6.5.5 参数的生命周期

在函数增加参数后，问题好像一下子变得复杂起来。是的，编程本来就不是想象中的那样简单。函数的参数，说到底就是一个变量，不过这个变量不是出现在主程序代码中，而是出现在函数代码块中。下面看另外一个例子，看看不同函数中的变量之间有没有关联。

```
1  def myfunction():
2      myname = "马小淘"
3
4  def sayHello():
5      myfunction()
6      print("早上好"+myname)
7
8  print("#主程序开始")
9  sayHello()
```

上面代码定义了两个函数，在 sayHello() 函数中调用了 myfunction() 函数，想使用这个函数中的变量 myname，但是执行结果却会出错，提示“NameError: name ‘myname’ is not defined”，意思是 myname 变量没有定义，这又是什么原因呢？

在 Python 函数中使用的变量，仅仅在这个函数内部是有效的，在这个函数代码块外，则不会被其他代码“认识”。这就好比每个组进行大扫除，各组找各组的工具，不同组之间不能借用扫帚和拖把。但是有一种情况例外：如果是老师给的工具，则每组都可以使用，来看下面的例子。

```
1  name = "张老师"
2  words = "很高兴遇见您"
3
4  def sayHello(name):
5      print("早上好", name)
6      print(words)
7
8  print("#菡菡遇到了张老师，打招呼说")
9  sayHello("张老师")
```

在第 6 行的 sayHello() 函数中使用了变量 words，而这个变量是在函数外面定义的，函数之外的部分都叫作主程序代码。words 就相当于老师给的工具，在 sayHello() 函数内部是可以使用的。

6.6 带返回值的函数

我们可以使用参数把信息传递给一个函数，但是如果想要接收来自函数的信息，该怎么办呢？本节将带领同学们学习如何使用 return 语句将一个函数的返回信息传递给程序的其他部分。

6.6.1 return 语句

在 Python 中有一个很重要的语句——return 语句。return 的意思是返回，return 语句的作用是不再执行函数的剩余部分，立即转回到主程序，也就是说提前结束函数执行。

下面是一个函数没有完全执行而提前结束的例子。

```
1  def menu():
2      print("1. 歌舞：喜迎新春")
3      print("2. 大合唱：我的祖国")
4      print("......")
```

```
5        return
6        print("9. 小品：白云黑土")
7        print("10. 歌舞：难忘今宵")
8
9    print("#晚会开始")
10   menu()
11   print("#晚会结束")
```

第 5 行代码出现了 return 语句，第 6 行及之后的代码不会执行，而是返回到第 11 行继续执行主程序中的代码。以下是执行结果。

```
1    #晚会开始
2    1. 歌舞：喜迎新春
3    2. 大合唱：我的祖国
4    ......
5    #晚会结束
```

return 语句可以不写，如果写只能写在函数体中。函数如果没有 return 语句，则会执行完函数体代码后返回主程序；如果遇到 return 语句，则立即返回。return 语句通常和条件语句配合使用，在满足某种条件时立即返回，代码如下。

```
1    def divide(num1, num2):
2        if (num2 == 0):
3            print("错误！除数为零")
4            return
5        else:
6            print("{num1}除以{num2}的商是{num1/num2}")
7
8    divide(35, 7)
9    divide(29, 0)
```

6.6.2 函数返回值

return 语句还可以把某个值返回给主程序，只需要把值写在 return 后面即可。返回值的概念类似于班主任给每个小组布置了制作一张手抄报的作业，每个小组有很多组员，大家各自完成手抄报的一部分，最后把一张手抄报交给老师，这张手抄报就相当于返回值，而函数体就是每个小组制作手抄报的过程。下面是函数带返回值的示例。

```
1  def avgValue(arg1, arg2):
2      result = (arg1 + arg2) / 2
3      return result
4
5  avgval = avgValue(10,15)
6  print("10+15 的平均值是 {avgval}")
```

代码从第 5 行开始执行，执行到函数 avgValue() 后又转到第 1 行执行，在第 3 行把计算后的结果返回给主程序，又回到第 5 行继续执行，最终把结果输出。

如果函数中 return 语句后面什么都没有，返回的是空值（None 类型）；如果 return 语句后有变量或表达式，则返回的是具体的值。return 语句也可以返回多个值，代码如下。

```
1  def avgValue(arg1, arg2):
2      avg_val = (arg1 + arg2) / 2
3      product_val = arg1 * arg2
4      return avg_val,product_val
5
6  avgval,product = avgValue(10,15)
7      print("10 和 15 的平均值与积是 {avgval}, {product}")
```

函数的参数和返回值就好比输入内容和输出内容。奶牛吃的是草，挤的是奶，“奶牛”就好比函数体，“草”是参数，“奶”就是返回值。函数也好比一块块的积木，是不能再拆分的最小单元，不同形状的“积木”就好比不同功能的函数，一个函数的返回值可以作为另外一个函数的参数。使用函数参数和返回值可以构造出想要的“形状”，例如下面的写法。

```
1	result = avgValue(avgValue(avgValue(10,24), avgValue(19,87)),
	         avgValue(-29,271))
```

6.7 内置函数

为了方便使用者开发程序，Python 提供了很多函数，这些函数在 Python 安装后就已经存在了，可以直接使用，叫作内置函数。内置函数分为很多种，有负责计算时间的、有负责进行数学运算的、有负责生成随机数的……正确使用内置函数能够快速实现我们想要的功能。这些内置函数就好比在盖房子之前已经准备好的门、窗、地板和墙体，只需要把这些部件正确地组合，就可以快速盖好房子。第 7 章将会详细介绍内置函数的使用方法。

6.8 模块的定义和使用

如果一个程序里需要使用大量的函数，我们该如何处理？下面我们开始学习函数、模块与包的概念。

6.8.1 把鸡蛋放到篮子里

一个复杂的 Python 应用会包含很多函数，并且包含很多主程序代码，就好比一栋建筑物由很多结构单一的部件组成。前面的示例代码中函数代码和主程序代码都在一个文件中。Python 中还可以把函数和主程序分开放，如果把函数比作鸡蛋，鸡蛋可以放在篮子里，篮子可以有很多个，做饭的时候（即主程序执行时）可以找到某个篮子里的某些鸡蛋，来做煎鸡蛋或炒鸡蛋。放鸡蛋的篮子在 Python 中叫作模块。

6.8.2　函数、模块与包

在 Python 中函数（function）可以单独放在模块（model）里，模块是一个 Python 文件，包（package）则是一个目录。一个包可以包含多个模块，包也可以包含子包，一个模块包含多个函数。函数、模块和包的关系就好比书本、书架和书房。图 6-3 表示三者之间的包含关系。

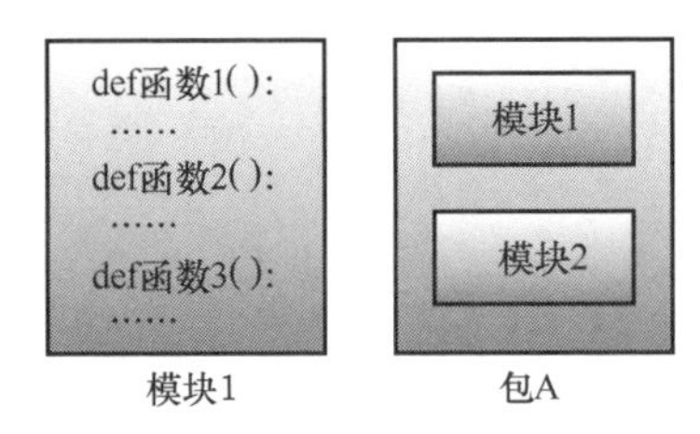

◎图 6-3　函数、模块和包三者之间的包含关系

模块就是一个普通的 Python 文件，只包含函数定义，不包含函数调用，即不包括主程序。包就是一个目录，我们可以在操作系统中任意创建目录，目录也可以自定义命名。在一个文件夹里面创建一个名称为“__init__.py”的空文件，告诉 Python 这个文件夹是一个包，然后把模块放到文件夹里面。下面是一个包含模块和包的目录结构（文件夹 6.8）。

```
1   6.8                      ··············· 文件夹名
2   |   main.py              ··············· 主程序
3   |
4   +---chinese              ··············· 包名
5   |       __init__.py      ··············· 空文件
6   |
7   +---english              ··············· 包名
8   |       article.py       ··············· 模块名
9   |       words.py         ··············· 模块名
10  |       __init__.py      ··············· 空文件
11  |
12  \---math                 ··············· 包名
13          model1.py        ··············· 模块名
14          model2.py        ··············· 模块名
15          __init__.py      ··············· 空文件
```

在代码中调用模块中的函数，需要使用 import 或 from ... import 关键字，有 3 种不同的语法格式，如表 6-1 所示。

表 6-1　调用模块中的函数的 3 种语法格式

语法	功能	举例
import 包名 . 模块名	导入模块	import english.words
from 包名 import 模块名	导入指定模块中的所有函数	from english import words
from 包名 import 函数名 as 函数别名	导入指定模块中的指定函数，可指定函数别名	from maths.model1 import func4 as f4

以下代码中使用 3 种语法格式调用模块中的函数。

```
1   import english.words
2   from english import article
3   from maths.model1 import func4 as f4
4
5   # 调用模块中的函数 func1()
6   english.words.func1()
```

```
7   # 调用模块中的函数 func2()
8   english.words.func2()
9   # 调用模块中的函数 func4()
10  f4()
```

6.9 递归函数

Python 函数一般都是被主程序代码调用，但是函数还可以自己调用自己。在函数体中调用自身的函数，叫作递归函数。递归函数实现了函数的重复调用，有点类似于循环。循环一定要有结束的条件，否则就是死循环；递归函数也必须有递归出口，否则函数一直执行下去，系统也会出错。

举一个例子，找一个任意整数，用 2 整除，再把商用 2 整除，循环操作，直到商为 0，示例代码如下。

```
1   def gethalf(n):
2       n = n // 2          #// 是整除运算符，例如 35 被 2 整除的商是 17
3       print(n)            # 输出商
4       if n == 0:          # 如果商是 0，就返回 None，不再执行下去
5           return None
6       gethalf(n)          # 调用自身
7
8   gethalf(35)             # 主程序代码
9
10  # 程序执行结果如下
11  17
12  8
13  4
14  2
15  1
16  0
```

上面代码的 return None 就是递归出口，如果没有这个递归出口，递归函数就是错误的。上面演示的只是一个简单、好理解的递归例子，

在实际应用中更多使用的是带返回值的递归函数，在那种情况下执行过程更加复杂。

6.10 编程习题

（1）编写一个函数，以数组方式返回某个数组中的所有奇数。

（2）如果一个三位数等于其各位数字的立方和，则称这个数为水仙花数。例如，$153 = 1^3 + 5^3 + 3^3$，因此 153 就是一个水仙花数。编写 Python 函数求 1000 以内的水仙花数（三位数）。

第 7 章 Python 常用模块

大家知道积木是怎么做出来的吗？大概想象得出来，可能是先把大块的木头切割成合适的形状，再打磨成标准的长方体、正方体、球等，然后上色，最后晒干了使用。我们在第 6 章学习的函数知识，就好比自己先做积木，然后再搭积木，但每次都这样做未免太麻烦。

为了方便使用者编写代码，Python 提供了很多现成的“积木”——内置函数。这些函数在 Python 安装后就已经有了，我们只需要先了解每个函数适用于哪些场合，而后根据自己的需要“组装”即可。

Python 提供的内置函数非常多，这些函数做了分类，同类型的函数都被放在一个函数库中，这些库就是模块，要使用这些库只需要用 import 等语法把它们导入。表 7-1 为 Python 中几种常用的标准库。

表 7-1　Python 中几种常用的标准库

模块	描述
datetime	用于计算机时间的获取和运算
math	提供标准算术运算
random	生成随机数
os	与底层操作系统进行交互
sys	用于对 Python 运行环境的访问及维护
collections	提供了许多有用的集合类

表 7-1 中列出的模块都是 Python 安装包中已有的模块，要使用这些模块只需使用语法“import 模块名”或“from 模块名 import 函数名”导入模块或函数即可。下面我们选择几种常用的标准库做进一步说明。

7.1 日期和时间模块

在 Python 中，时间相关的有日期和时间两部分，例如“2020 年 9 月 20 日 19 时 30 分 20 秒”的前半部分是日期、后半部分是时间。编程语言通常会把日期和时间存储为数字形式，目的是实现两个时间的加、减运算。Python 中与日期和时间有关的模块有 datetime、time 和 calendar。表 7-2 列出了日期和时间模块的常用函数及其作用。

表 7-2 日期和时间模块的常用函数及其作用

函数	作用
datetime.now()	获得系统当前日期和时间
datetime.date(t)	获得 datetime 类型参数 t 的日期
datetime.time(t)	获得 datetime 类型参数 t 的时间
datetime.timestamp(t)	获得 datetime 类型参数 t 的时间戳
datetime.fromtimestamp(float)	获得时间戳浮点数对应的时间
datetime.combine(d,t)	将参数 d 和参数 t 提供的日期和时间合并成一个 datetime 类型的时间
time.time()	返回浮点数格式的系统时间戳
time.localtime(t)	获得时间戳参数 t 对应的当地时间
time.sleep(second)	让当前程序休眠 second 秒
calendar.month(年份 , 月份)	输出某年某月的日历

以下是使用 datetime 模块中几个函数的示例代码。

```
1   from datetime import datetime, date, time
2
3   sysdate = datetime.now()
4   print(sysdate)
5
6   print(" 当前日期 %s" % datetime.date(sysdate))
7   print(" 当前时间 %s" % datetime.time(sysdate))
8   tmstmp = datetime.timestamp(sysdate)
9   print(" 当前时间戳 %s" % tmstmp)
10
11  anhourago = datetime.fromtimestamp(tmstmp - 3600)
12  print(" 一小时前的时间是 %s" % anhourago)
13
14  date1 = date(2022,5,1)
15  time1 = time(11,30,10)
16  print(datetime.combine(date1,time1))
```

程序执行结果如下。

```
1   2022-03-16 10:01:19.722046
2   当前日期 2022-03-16
3   当前时间 10:01:19.722046
4   当前时间戳 1647396079.722046
5   一小时前的时间是 2022-03-16 09:01:19.722046
6   2022-05-01 11:30:10
```

Python 中把 1970 年 1 月 1 日 0 时作为时间的“起点”，之后的任意一个时刻都可以依据这个“起点”用经过的时长（单位为秒）来表示，用数字方式表现的时刻也叫作时间戳（timestamp）。使用时间戳，任何两个时刻就可以比较大小了，时间也可以向前或向后推算。但是 Python 无法存储和表示 1970 年之前的时间。

以下是使用 time 和 calendar 模块中函数的示例代码。

```
1   import time
2   import calendar
3
```

```
4   t = time.time()
5   t = t + 1000
6   print(" 当前计算机时间一千秒后的时间戳是: ", t)
7
8   print(" 当前系统时区: ", time.timezone / 3600)
9
10  cal = calendar.month(2020, 5)
11  print (" 输出 2020 年 5 月的日历 :")
12  print (cal)
```

程序执行结果如下。

```
1   当前计算机时间一千秒后的时间戳是:  1600577816.1849868
2   当前系统时区: -8.0
3   输出 2020 年 5 月的日历 :
4         May 2020
5   Mo Tu We Th Fr Sa Su
6                1  2  3
7    4  5  6  7  8  9 10
8   11 12 13 14 15 16 17
9   18 19 20 21 22 23 24
10  25 26 27 28 29 30 31
```

计算机中使用的时间还包括时区信息，上面代码中 time.timezone 不是一个函数，而是一个变量，它存储了当前计算机所在时区和标准时区之间相差的时间（单位为秒），其数值小于 0 表示东部时区（例如大部分欧洲、亚洲、非洲地区），数值大于 0 表示美洲时区。程序执行结果中的 -8.0 表示东八区，即北京时间。

7.2 数学模块

完成数学运算是计算机的“拿手好戏”。Python 有很丰富的科学计算功能，数学课中出现的各种算式都可以用 Python 来计算。Python 的 math 模块中提供了很多数学运算函数。表 7-3 介绍了 math 模块的

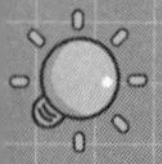

部分函数及其作用。

表 7-3　math 模块的部分函数及其作用

函数	作用
math.trunc(f)	获取浮点数 f 的整数部分
math.ceil(f)	对浮点数 f 向上取整
math.floor(f)	对浮点数 f 向下取整
math.fsum(list)	对列表或元组 list 的元素累计求和
math.fabs(f)	对浮点数 f 取绝对值
math.fmod(m,n)	获取 m 除以 n 的余数
math.pow(x,y)	计算 x 的 y 次方

以下代码演示了表 7-3 中的每个方法。

```
1   import math
2
3   print(math.trunc(3.9))          # 结果为 3
4   print(math.trunc(-15.1))        # 结果为 -15
5
6   print(math.ceil(3.14))          # 结果为 4
7   print(math.ceil(-4.9))          # 结果为 -4
8
9   print(math.floor(49.9))          # 结果为 49
10  print(math.floor(-101.9))        # 结果为 -102
11
12  print(math.fsum([1,2,4,16]))    # 结果为 23.0
13  print(math.fabs(-9))            # 结果为 9.0
14
15  print(math.fmod(-49, 3))        # 结果为 -1.0
16
17  print(math.pow(3,3))            # 结果为 27.0
18  # 结果为 34.0
19  print(math.fsum([math.trunc(3.9), math.ceil(3.14), math.pow(3,3)]))
```

7.3 随机数模块

随机数经常用于统计学、密码学和其他需要科学运算的场合。我们在日常生活中也会遇到随机数，例如每次掷骰子出现的数字是 1 ~ 6 的随机数，彩票的中奖号码也是一组随机数。很多高级语言都提供了生成随机数的函数，最常用的是在一个指定范围内生成一个随机数。Python 有生成随机数的各种函数，这些函数都在 random 模块里。random 模块的部分函数及其作用如表 7-4 所示。

表 7-4　random 模块的部分函数及其作用

函数	作用
random.random()	生成 0 ~ 1 的浮点数
random.uniform(a,b)	返回 a ~ b 的浮点数
random.randrange(n)	返回 0 ~ n 的整数
random.choice(list)	返回列表或元组 list 中的一个随机元素
random.sample(list, n)	随机返回列表或元组 list 中不重复的 n 个元素

以下代码使用了表 7-4 中的各种函数，实现从一个区间内产生各种随机结果。

```
1   import random
2
3   print(random.random())
4   print(random.uniform(-10,-20))
5   print(random.randrange(100))
6
7   t = ('语文','英语','美术','数学','书法','体育','自然')
8   print(random.choice(t))
9   print(random.sample(t,4))
```

以上代码执行两次的结果如下。

```
# 第一次执行
0.7693056948770016
-14.636897249724829
30
书法
['书法', '英语', '美术', '体育']
```

```
# 第二次执行
0.293580292446166
-12.283580584725309
20
语文
['体育', '英语', '美术', '书法']
```

random.random() 利用随机数种子还可以生成任意指定范围内的随机数字，效果等同于 random.uniform()。以下代码生成 510 ~ 580 的随机整数。

```
import random

begin=510
end=580
print(round((end-begin)*random.random()+begin))
```

程序执行结果如下。

```
# 第一次执行
580
# 第二次执行
537
# 第三次执行
544
```

7.4 Pygame

Python 还可以用来编写游戏程序。在个人计算机（PC）上使用编程语言开发游戏，会用到键盘、鼠标、视频、音频等。Pygame 就是在 Python 中运行的一个游戏包（也可以叫作游戏模块），使用 Pygame 可以访问光驱、访问显示器、控制键盘输入、处理鼠标的移动或单击事件，还可以调用系统字体、生成图形和缩放图片、播放音频和视频等。本节介绍如何使用 Pygame 实现一些简单的功能。

7.4.1 Pygame 安装及验证

我们安装的 Python 是不包括 Pygame 的，它需要单独安装。安装 Pygame 有多种方式，比较简单的是使用 pip install 命令。以下是 Pygame 的安装过程。

```
1  >>>pip install pygame
2  Collecting pygame
3    ... ... 安装进度提示 ... ...
4  Installing collected packages: pygame
5  Successfully installed pygame-2.0.0
```

最后会看到提示已经安装好了 Pygame 2.0.0 版本。安装完成后可以进入 Python 交互环境引入 pygame 包并查看其版本号。

```
1  >>> import pygame
2  >>> pygame.ver
3  '2.0.0'
```

Python 安装后自带很多基本的模块，我们还可以自己编写函数和模块，放到程序里面运行。Pygame 也是由很多程序员共同编写完成的具有游戏功能的模块。Python 之所以被广泛使用，很重要的一点是全世界众多编程高手把自己写的模块贡献出来，让别人免费使用。这些模块功能涉及网络爬虫、人工智能、虚拟现实（VR）、统计汇总等各种应用场景。“众人拾柴火焰高”，Python 的功能将会越来越丰富和强大。

7.4.2 计算机绘图基本知识

在使用 Pygame 之前，首先要了解有关计算机绘图的几个常用名词。

（1）窗体。计算机开机后，我们看到的是桌面，双击“我的电脑”或“此电脑”，显示的就是一个窗体（Window）。如果我们想上网，要打开浏览器，浏览器也显示为一个窗体。接下来我们要输入网址浏览新闻，所有操作都是在窗体里完成的。窗体变成了承载信息的容器。Pygame 里面的操作也是基于窗体的，一个窗体包含标题、长、宽、背景色等基本要素。

（2）坐标系。一个窗体可以包含多种元素，例如计算机开机后显示的桌面，就是一个不能移动和缩放的窗体。桌面上有很多图标，这些图标的排列是按照坐标系的规则来区分上下左右的。这个坐标系和数学中的平面直角坐标系类似，坐标原点（0,0）位于窗体的左上角，x 轴自左向右，y 轴自上向下。窗体中的每个元素都有一个坐标，两个元素之间也就可以计算间隔距离了。

（3）像素。坐标系刻度以像素为单位。像素表示长度，其值是一个整数，但是和我们熟知的长度单位米或厘米不同。例如，10 厘米比 3 米短，这无论在哪里都是正确的；而 200 像素不一定比 100 像素长，这是因为像素的实际长度取决于计算机的分辨率。这里不做过多介绍，读者只要知道，在相同分辨率的条件下，200 像素一定比 100 像素长。

图 7-1 展示了计算机屏幕、窗体、窗体标题及坐标系。

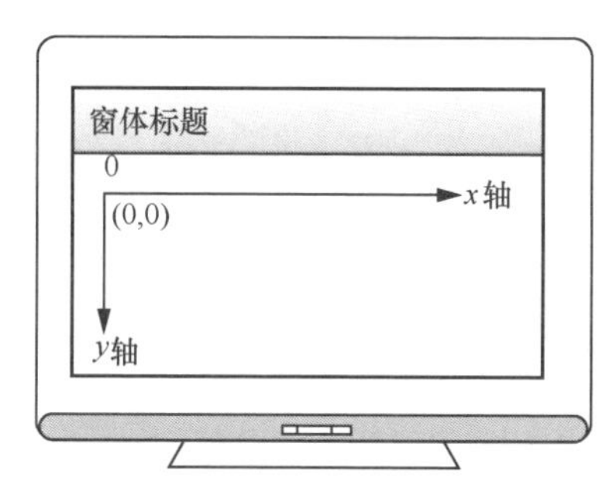

◎图 7-1　计算机屏幕、窗体、窗体标题及坐标系

在 Pygame 中无论是想画图还是显示文字，首先要做的事情是创建窗体和初始化坐标系。下面的代码创建了一个长、宽分别是 500 和 400 像素单位，标题为“你好”的窗体。

```
1   # 导入所需的模块
2   import pygame, sys
3   # 导入 pygame.locals 里的变量
4   from pygame.locals import *
5
6   # 初始化 pygame
7   pygame.init()
8   # 设置窗体的长、宽分别为 500 和 400 像素单位
9   screen = pygame.display.set_mode((500, 400))
10  # 设置窗体标题
11  pygame.display.set_caption(' 你好 ')
12
13  # 持续显示窗体
14  while True:
15
16      # 获取事件
17      for event in pygame.event.get():
18        # 判断事件是否为退出事件
```

```
19            if event.type == QUIT:
20                # 退出 pygame
21                pygame.quit()
22            # 退出系统
23            sys.exit()
24
25        # 绘制屏幕内容
26        pygame.display.update()
```

中间以 while True 开始的循环代码块，让创建的窗体能持续显示。如果没有这个循环代码块，窗体创建后会一闪而过，自动关闭。而这个循环是有循环出口的，那就是在循环体中监听窗体关闭事件，如果发现窗体被关闭了，就不再显示窗体。关于事件监听我们在后面还会继续介绍。

（4）颜色系统。计算机使用的颜色系统和自然界的不一样。大家都知道红、黄、蓝三原色，使用这 3 种颜色组合可以调配出更多的颜色。计算机里面也有三原色，是红（red）、绿（green）、蓝（blue），简称为 RGB，每种原色使用 0 ~ 255 的一个整数表示，使用这 3 种颜色可以组合出多达 256^3 种颜色。表 7-5 显示了常见颜色在 RGB 颜色系统及 Python 中的表示方法。

表 7-5　RGB 颜色系统及 Python 中颜色表示方法

颜色	R 值	G 值	B 值	Python 表示法	Pygame 表示法
白色	255	255	255	(255, 255, 255)	THECOLORS["white"]
黑色	0	0	0	(0, 0, 0)	THECOLORS["black"]
红色	255	0	0	(255, 0, 0)	THECOLORS["red"]
绿色	0	255	0	(0, 255, 0)	THECOLORS["green"]
蓝色	0	0	255	(0, 0, 255)	THECOLORS["blue"]
黄色	255	255	0	(255, 255, 0)	THECOLORS["yellow"]

在 Pygame 中定义颜色可以使用元组和等价的 THECOLORS 字典。由于使用数字表示颜色不太方便，可识别性也不强，所以 Pygame 定义了常量字典 THECOLORS，用颜色的英文单词作为字典下标，大大增强了代码可读性。以下代码把窗体的背景色设定成红色和灰色。

```
1   import pygame, sys
2   from pygame.locals import *
3   from pygame.color import THECOLORS
4
5   # 初始化 pygame
6   pygame.init()
7
8   # 设置窗体的大小，单位为像素
9   win1 = pygame.display.set_mode((400,300))
10  # 设置窗体标题
11  pygame.display.set_caption('窗体背景色')
12
13  # 定义颜色
14  RED = (255, 0, 0)
15
16  # 设置背景颜色
17  win1.fill(RED)
18  win1.fill(THECOLORS["gray"])
19
20  # 省略持续显示窗体部分代码
21  ......
```

（5）计算机字体。计算机系统可以显示多种语言文字，例如英文、中文、日文、俄文等。每种文字字体又可以设置不同大小、不同粗细、斜体等效果。Pygame 也可以在窗体中显示带颜色的中英文字体。图 7-2 所示为使用 Pygame 在窗体中显示中、英文字体的结果。

◎图 7-2　使用 Pygame 在窗体中显示中、英文字体的结果

以下为在窗体中显示汉字的示例代码片段。

```
1   # 导入需要的模块
2   import pygame, sys
3   from pygame.locals import *
4   from pygame.color import THECOLORS
5
6   # 初始化 pygame
7   pygame.init()
8
9   # 设定窗体的大小，单位为像素
10  win = pygame.display.set_mode((300,210))
11  # 设定窗体标题
12  pygame.display.set_caption(' 字体窗口 ')
13
14  # 通过字体文件获得字体
15  font = pygame.font.Font('STXINWEI.TTF', 50)
16  # 设定要显示的文字内容、前景色及背景色
17  dispfont = font.render(' 汉字示例 ', True, THECOLORS["green"],
                THECOLORS ["blue"])
18  # 获得要显示对象的 rect
19  textrect = dispfont.get_rect()
20  # 设置字体显示位置的坐标
21  textrect.center = (150, 100)
22
23  # 使用操作系统自带英文字体，显示斜体字符
24  font2 = pygame.font.SysFont("Arial", 30)
25  font2.set_italic(True)
```

```
26  dispfont2=font2.render('pygame',True,THECOLORS["purple"],
              THECOLORS["yellow"])
27  textrect2 = dispfont2.get_rect()
28  textrect2.center = (180, 180)
29
30  # 设置背景
31  win.fill(THECOLORS["white"])
32
33  # 绘制字体
34  win.blit(dispfont, textrect)
35  win.blit(dispfont2, textrect2)
36
37  # 省略持续显示窗体部分代码
38  ......
```

上面代码中出现的 STXINWEI.TTF 是一种汉字字库。计算机汉字字库包括宋体、楷体、隶书、魏碑等，每种字库都是一个以 TTF 为扩展名的文件，Pygame 可以直接使用这些文件。Pygame 也可以使用操作系统自带的字体库，上面代码中的 Arial 就是系统自带的一种英文字体库。

7.4.3 绘制线段及规则图形

下面介绍使用 Pygame 绘制线段、多边形、矩形、椭圆和圆形的语法格式和示例。

- 线段
  - 语法格式: pygame.draw.line(窗体 , 颜色 , 起点坐标 , 终点坐标 , 线的粗细)
  - 示例: pygame.draw.line(screen, THECOLORS["pink"], [20, 20], [80,70], 5)

- 多边形
  - 语法格式：pygame.draw. polygon(窗体，颜色，[坐标数组], 线的粗细)
  - 示例：pygame.draw.polygon(screen, THECOLORS["black"], [[100, 100], [0, 200], [200, 200]], 5)
- 矩形
  - 语法格式：pygame.draw.rect(窗体，颜色，[左上角坐标，矩形宽度，矩形高度], 线的粗细)
  - 示例：pygame.draw.rect(screen, THECOLORS["black"], [75, 10, 50, 20], 5)
- 椭圆
  - 语法格式：pygame.draw.ellipse(窗体，颜色，[外接矩形左上角坐标，外接矩形宽度，外接矩形高度], 线的粗细)
  - 示例：pygame.draw.ellipse(screen, THECOLORS["red"], [255, 10, 60, 30], 5)
- 圆形
  - 语法格式：pygame.draw.circle(窗体，颜色，圆心坐标，半径，线的粗细)
  - 示例：pygame.draw.circle(screen, THECOLORS["black"], [60, 250], 40, 5)

Pygame 绘制的闭合图形可以是空心的，也可以是填充颜色的。图 7-3 是绘制好的效果图。

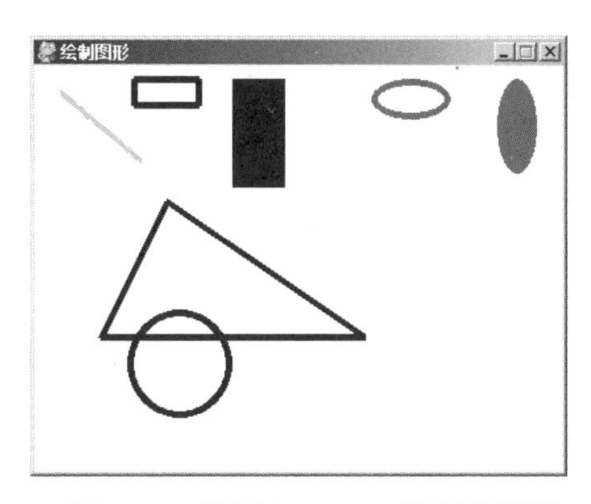

◎图 7-3　使用 Pygame 绘制的图形

具体代码如下。

```
1   # 导入需要的模块
2   import pygame, sys
3   from pygame.locals import *
4   from pygame.color import THECOLORS
5   from math import pi
6
7   # 初始化 pygame
8   pygame.init()
9
10  # 设置窗体的大小，单位为像素
11  screen = pygame.display.set_mode((400,300))
12
13  # 设置窗体标题
14  pygame.display.set_caption('绘制图形')
15
16  # 定义颜色
17  BLACK = ( 0, 0, 0)
18  WHITE = (255, 255, 255)
19  RED = (255, 0, 0)
20  GREEN = ( 0, 255, 0)
21  BLUE = ( 0, 0, 255)
22
```

```
23  # 设置背景颜色
24  screen.fill(THECOLORS["white"])
25
26  # 绘制一条线
27  pygame.draw.line(screen, THECOLORS["pink"], [20, 20], [80,70], 5)
28
29  # 绘制一个空心矩形
30  pygame.draw.rect(screen, THECOLORS["black"], [75, 10, 50, 20], 5)
31
32  # 绘制一个矩形
33  pygame.draw.rect(screen, THECOLORS["black"], [150, 10, 40, 80])
34
35  # 绘制一个空心椭圆
36  pygame.draw.ellipse(screen, THECOLORS["red"], [255, 10, 60, 30], 5)
37
38  # 绘制一个椭圆
39  pygame.draw.ellipse(screen, THECOLORS["red"], [350, 10, 30, 70])
40
41  # 绘制一个多边形
42  pygame.draw.polygon(screen, THECOLORS["black"], [[100, 100],
                      [50, 200], [250, 200]], 5)
43
44  # 绘制一个圆形
45  pygame.draw.circle(screen, THECOLORS["black"], [110, 220], 40, 5)
46
47  # 程序主循环
48  while True:
49
50      # 获取事件
51      for event in pygame.event.get():
52        # 判断事件是否为退出事件
53        if event.type == QUIT:
54          # 退出 pygame
55          pygame.quit()
56          # 退出系统
57          sys.exit()
58
59      # 绘制屏幕内容
60      pygame.display.update()
```

7.4.4 加载图片及实现动画效果

Pygame 创建的窗体除了可以定义背景色之外，还可以使用图片作为背景，把另一张图片叠加到背景图上。以下代码片段使用 pygame.image.load（图片文件名）实现了图片叠加效果，如图 7-4 所示。

```
1   # 设置窗体大小
2   screen = pygame.display.set_mode((500, 324), 0, 32)
3
4   # 设置标题
5   pygame.display.set_caption('加载图片')
6
7   # 从坐标原点加载背景图片
8   bgimg = pygame.image.load('beach.jpg')
9   screen.blit(bgimg, (0, 0))
10
11  # 加载前景图片
12  img = pygame.image.load('pygame.png')
13  screen.blit(img, (30, 50))
```

◎图 7-4　使用 Pygame 实现图片叠加效果

Pygame 还可以让图片"动"起来，实现动画效果。将图片加载到窗体中，需要指定左上角坐标，我们可以让图片坐标一直变化，看到的

就是移动的图片。如果加快图片移动的频率，看到的就是动画效果。最后把控制图片移动的代码放到循环结构里面，就可以看到自动播放的动画了。具体代码如下。

```
1   # 导入需要的模块
2   import pygame, sys
3   from pygame.locals import *
4
5   # 初始化 pygame
6   pygame.init()
7
8   # 设置屏幕每秒刷新的次数
9   FPS = 35
10
11  # 获得 pygame 的时钟
12  fpsClock = pygame.time.clock()
13
14  # 初始化窗体大小并设定标题
15  win = pygame.display.set_mode((550, 400), 0, 32)
16  pygame.display.set_caption(' 动画效果 ')
17
18  # 初始化图片的位置
19  imgx = 10
20  imgy = 10
21
22  # 加载一张图片
23  img = pygame.image.load('pygame.png')
24  # 该方法用于将图片显示到相应的位置
25  win.blit(img, (imgx, imgy))
26
27  # 设定图片从左向右移动
28  direction = ' 右 '
29
30  # 程序主循环
31  while True:
32      # 每次都要重新绘制白色背景
33      win.fill((255, 255, 255))
34
35      # 判断移动的方向，并计算出相应的坐标
```

```
36        if direction == '右':
37            imgx += 5
38            if imgx == 320:
39                direction = '下'
40        elif direction == '下':
41            imgy += 5
42            if imgy == 300:
43                direction = '左'
44        elif direction == '左':
45            imgx -= 5
46            if imgx == 10:
47                direction = '上'
48        elif direction == '上':
49            imgy -= 5
50            if imgy == 10:
51                direction = '右'
52
53        # 根据计算后的坐标显示图片
54        win.blit(img, (imgx, imgy))
55
56      for event in pygame.event.get():
57          if event.type == QUIT:
58              pygame.quit()
59              sys.exit()
60
61        # 刷新窗体
62        pygame.display.update()
63
64        # 设置 pygame 时钟的间隔时间
65        fpsClock.tick(FPS)
```

7.4.5　事件监听

我们在玩计算机游戏时会用到键盘、鼠标等设备。计算机是如何知道我们移动了鼠标、单击了鼠标左键呢？计算机把按下键盘上的某个键、鼠标的移动、单击鼠标左键或右键等都叫作事件，一个事件也就是

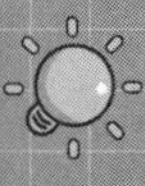

用户的一个操作（动作）。操作系统可以随时“感应”到这种动作，并区分出是哪一种操作，把这个事件“通知”Pygame。

Pygame 里定义了很多常用的事件类型，如表 7-6 所示。

表 7-6　Pygame 中定义的常用事件类型

事件定义	事件类型
MOUSEMOTION	鼠标移动
MOUSEBUTTONDOWN	鼠标按下
MOUSEBUTTONUP	鼠标抬起
KEYDOWN	键盘按下
K_ESCAPE	按下键盘上的 Esc 键
K_LEFT	按下键盘上的←键
K_RIGHT	按下键盘上的→键
K_UP	按下键盘上的↑键
K_DOWN	按下键盘上的↓键
K_a	按下键盘上的 a 键

下面的代码片段分别监听了鼠标移动、单击鼠标左键和右键，以及按下键盘上方向键的事件，并在执行后输出对应的坐标值或提示语句。

```
1  # 主程序循环
2  while True:
3  
4      # 监听事件
5      for event in pygame.event.get():
6          # 获得鼠标当前的位置
```

```
7            if event.type == MOUSEMOTION:
8                print(" 鼠标位置在: ",event.pos)
9
10           # 监听鼠标按下的位置
11           if event.type == MOUSEBUTTONDOWN:
12               print(" 鼠标按下的位置: ",event.pos)
13
14           # 监听鼠标抬起的位置
15           if event.type == MOUSEBUTTONUP:
16               print(" 鼠标抬起的位置: ",event.pos)
17
18           # 监听按下键盘方向键的事件
19           if event.type == KEYDOWN:
20               if(event.key == K_LEFT or event.key == K_a):
21                   print(" 左 ")
22               if(event.key == K_RIGHT or event.key == K_d):
23                   print(" 右 ")
24               if(event.key == K_UP or event.key == K_w):
25                   print(" 上 ")
26               if(event.key == K_DOWN or event.key == K_s):
27                   print(" 下 ")
28               # 按下键盘的 Esc 键退出
29               if(event.key == K_ESCAPE):
30                   print(" 按下退出键 ")
31                   # 退出 pygame
32                   pygame.quit()
33                   # 退出系统
34                   sys.exit()
```

执行代码后 Pygame 输出的结果如图 7-5 所示。

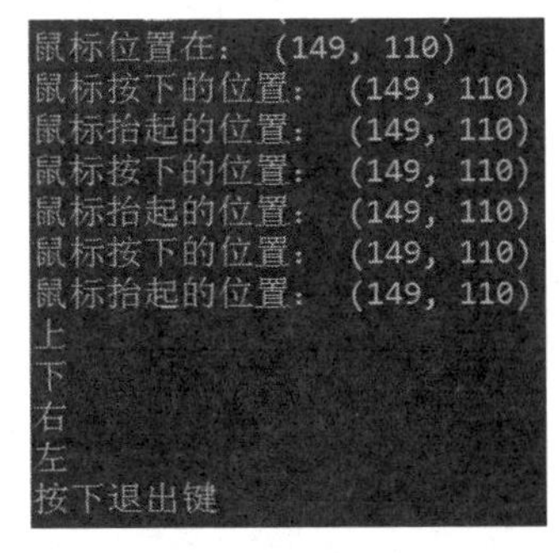

◎图 7-5　代码执行后 Pygame 输出的结果

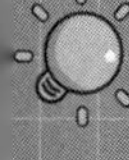

7.5 编程习题

（1）输入出生日期，计算出年龄。

（2）我们在网上注册新用户时经常会收到短信验证码，利用 Python 的随机数函数就可以生成四位数字的验证码。

第8章 游戏编程

游戏是儿童认识世界的途径，他们生活在这个世界里，并负有改造它的使命。

——高尔基

《神笔马良》是很多人小时候都听过的童话故事。从前，有个孩子叫马良。他很喜欢画画，可是家里穷，连一支笔也买不起。一天，他放牛回来，路过学馆，看见里面有个画师拿着笔在给大官画画。马良看得起劲，不知不觉地走了进去。他对大官和画师说："请给我一支笔，可以吗？我很想学画画。"大官和画师听了哈哈大笑，说："穷娃子也想学画画？"就把马良赶了出来。马良没有灰心，他还是坚持用心学画画，画笔用的是树枝或木炭，走到哪里就画到哪里，后来他的认真和坚持感动了一个神仙伯伯，神仙伯伯送给他一支神奇的画笔，用这支画笔画什么都会变成真实的东西。后来马良用这支画笔惩罚了贪婪的大官，帮助了身边贫苦的乡亲……

每个小朋友听完故事一定都非常希望拥有这样一支神奇的画笔。"游戏编程"也是这样一支神奇的"画笔"，虽然它不能直接让我们"无中

生有”，创造出真实物品，但它可以帮助我们把想象中的世界变成在计算机中看得到、听得到并且可以通过鼠标、键盘控制的世界。

8.1　强大的画图小工具——turtle

Python 中的 turtle 模块来源于历史悠久的 LOGO 语言，当今计算机领域的很多传奇人物在小时候都玩过 LOGO 语言。使用 LOGO 语言，通过一些简单的指令就可以在计算机屏幕上绘制有趣的图案。正是这种画图的有趣方式，使很多人对数学、计算机等相关学科产生了浓厚的兴趣。

Python turtle 最大可能地还原了 LOGO 语言中使用小海龟操作的特点，并丰富了作图功能。

初代 turtle 模块被添加到了 2001 年 12 月 21 日发布的 Python 2.2 版本的 Python 标准库中，历经多个版本，目前 turtle 模块已逐渐稳定，并拥有了当前版本中的新功能和相应的操作。

通过这一章的学习，我们将了解什么是 turtle，了解如何使用 turtle，并能掌握一些重要的概念和命令，还能利用学到的知识开发简单有趣的游戏。

8.2　turtle 中的基本概念

在现实世界中，我们画图需要一张画布、一支画笔和各种颜料，通过画笔在画布上移动来绘制图形，通过不同的颜料，改变画笔绘制出的图形颜色。那么在 turtle 的世界中，我们怎样画图呢？其实也是类似的，我们需要一张虚拟的画布、一支虚拟的画笔和各种虚拟的颜料。另外，带动画笔移动的不再是我们的手，而是计算机屏幕上的一只小海龟。当然，这只小海龟是能听我们指挥的。我们可以想象有这么一只小海龟：在一张画布上，它根据我们的指令爬行，爬行的路径形成了要绘制的图形，如图 8-1 所示。

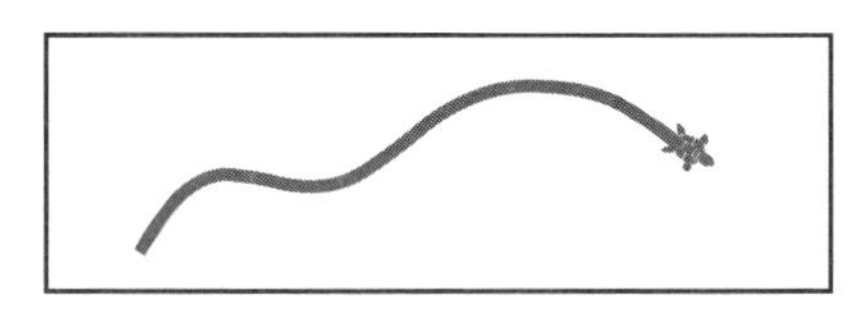

◎图 8-1　turtle 中的小海龟

下面从一个简单的例子来看看小海龟究竟是怎样画图的。

```
1   # 导入 turtle 模块
2   import turtle
3   # 创建一张画布
4   wn = turtle.Screen()
5   # “告诉”小海龟，向前移动 150“步”
6   turtle.forward(150)
7   # 向左转 90 度
8   turtle.left(90)
9   # 再向前移动 75“步”
10  turtle.forward(75)
11  # 结束绘图
12  turtle.done()
```

首先，我们需要导入 turtle 模块。

```
1   import turtle
```

提示：turtle 是一个内置模块，因此我们无须安装其他软件，就可以直接使用它。

然后，创建一张画布。

```
1    wn = turtle.Screen()
```

画布分为 4 个象限，如图 8-2 所示，小海龟开始的位置是屏幕中心，也就是点（0,0）的位置，我们也常称这点为 Home。

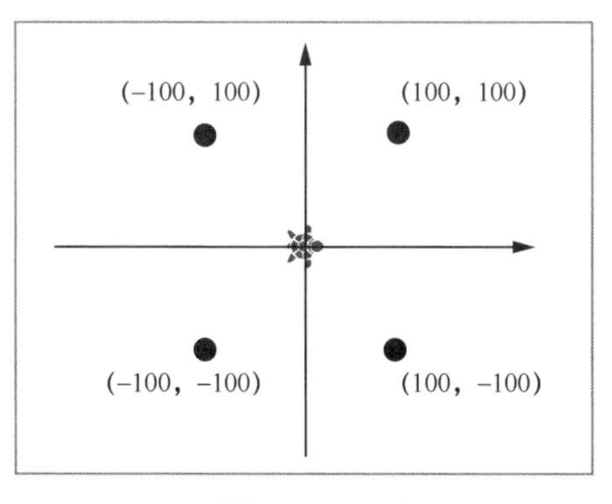

◎图 8-2　画布

接着给小海龟发指令，让它开始移动。

先向前移动 150“步”。

```
1    turtle.forward(150)
```

接着左转 90 度。

```
1    turtle.left(90)
```

再往前移动 75“步”，如图 8-3 所示。

```
1    turtle.forward(75)
```

最后通过 turtle.done() 结束绘图。

提示：turtle 的向前爬行（forward）方向和当前小海龟面朝的方向有关，如果小海龟转了 180 度，则它的向前爬行其实是在倒退（backward）。

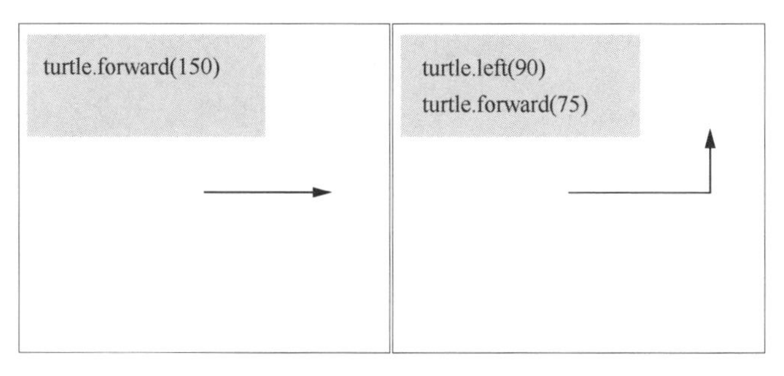

◎图 8–3　绘制效果

8.3　画笔的各种设定

我们修改一下上一节的代码，调整画笔的颜色和粗细。

```
1   import turtle
2   wn = turtle.Screen()
3   # 调整画笔的颜色为红色
4   turtle.pencolor('red')
5   # 调整画笔的粗细为 5
6   turtle.pensize(5)
7   turtle.forward(100)
8   turtle.left(90)
9   turtle.forward(100)
10  turtle.left(90)
11  turtle.forward(100)
12  turtle.left(90)
13  turtle.forward(100)
14  turtle.done()
```

调整画笔的颜色为红色。

```
1   turtle.pencolor('red')
```

调整画笔的粗细为 5。

```
1   turtle.pensize(5)
```

提示：在 turtle 中，颜色的表示有 3 种方式，第一种是字符串方式，

如 'red'、'blue'、'green'；第二种是十六进制方式，如 '#33cc85'；第三种是 RGB 方式，如 alex.pencolor(0, 255, 0)，但使用这种方式需要先通过全局函数进行颜色模式的切换，如 turtle.colormode(255)。

8.4 绘制正方形、菱形

在上一节中，我们通过 3 次左转、4 次向前移动相同的步数，绘制了一个正方形，但我们发现这个正方形只有边线是有颜色的，正方形的内部是没有颜色的。为了给正方形填充颜色，我们需要引入 turtle 中的颜色填充的方法，turtle 通过 begin_fill() 开始填充，通过 end_fill() 结束填充，通过 fillcolor() 设置所要填充的颜色。

```
1   import turtle
2   wn = turtle.Screen()
3   turtle.pencolor('red')
4   # 设置填充的颜色为黄色
5   turtle.fillcolor('yellow')
6   # 开始填充颜色
7   turtle.begin_fill()
8   # 使用循环绘制正方形的边
9   for i in range(4):
10      turtle.forward(100)
11      turtle.left(90)
12  # 结束填充颜色
13  turtle.end_fill()
14  turtle.done()
```

由于正方形每一条边的绘制方式相同，我们用循环语句来代替重复的绘图指令。执行程序后，画布上的最终效果如图 8-4 所示。

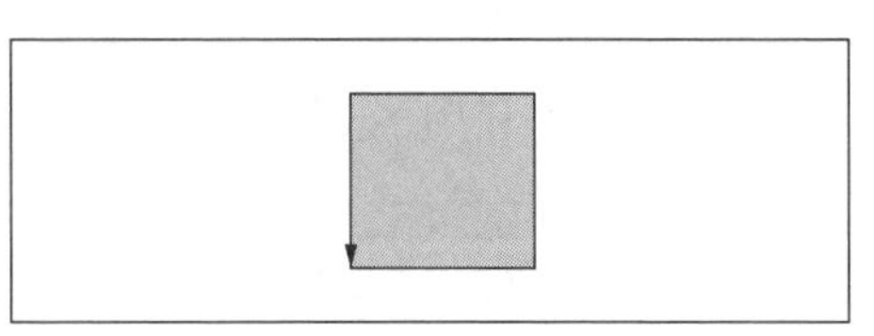

◎图 8-4　正方形

让我们来做进一步练习，这次画一个菱形，该如何编写程序呢？显然，菱形的绘制比正方形更加复杂，因为绘制菱形的时候，每次小海龟转动的角度值不再是固定的了。我们设计一个内角为 60 度的菱形，如图 8-5 所示。

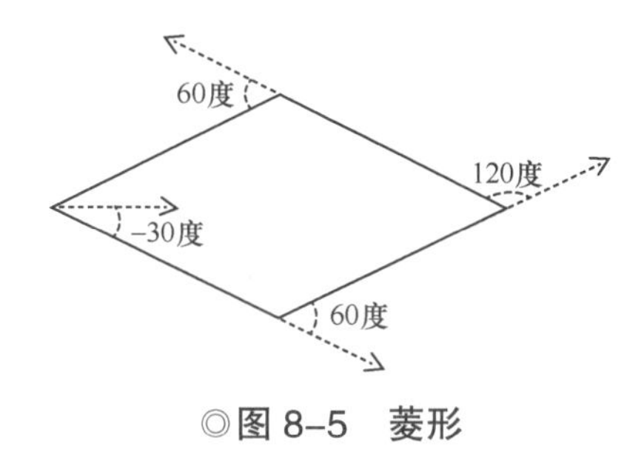

◎图 8-5　菱形

我们采用查询到表的方法修改上一次的代码。

```
1   import turtle
2   wn = turtle.Screen()
3   turtle.pencolor('red')
4   turtle.fillcolor('yellow')
5   #将每次转动的角度保存为列表
6   degree_list = [-30, 60, 120, 60]
7   turtle.begin_fill()
8   for i in range(4):
9       # 采用查表的方式获取转动角度
10      turtle.left(degree_list[i])
11      turtle.forward(100)
12  turtle.end_fill()
13  turtle.done()
```

8.5　绘制多边形和圆形

结合上一节绘制正方形、菱形的方法，我们很容易编写出绘制多边形的代码。

```
1  import turtle
2  wn = turtle.Screen()
3  # 多边形的边数
4  edge_count = 6
5  # 多边形的边长（大小相近的多边形，边数越多，边长越小）
6  edge_length = 500 / edge_count
7  # 多边形每条边转动的角度等于 360 度除以边数
8  edge_angle = 360 / edge_count
9  for i in range(edge_count):
10     turtle.forward(edge_length)
11     turtle.left(edge_angle)
12 turtle.done()
```

注意 edge_count 这个变量，它代表多边形的边数。我们将这个变量依次赋值为 6、8、12、16、60，并分别执行程序，可以看到依次绘制出图 8-6 所示的六边形、八边形、十二边形、十六边形、六十边形。

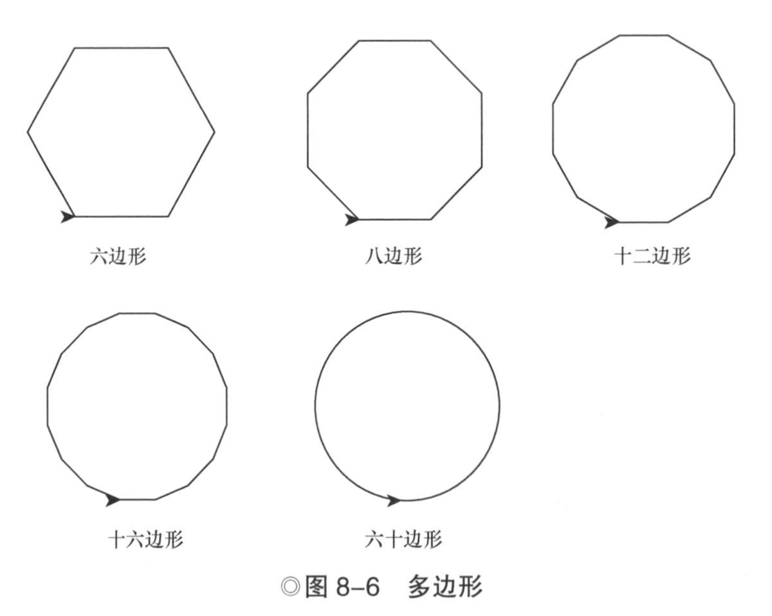

◎图 8-6　多边形

仔细观察这些图形，你会发现，随着多边形边数的增加，多边形越来越接近圆形。请记住这个发现。不同于数学世界中完美的圆形，在计算机的世界中，我们使用很多小线段（或小点）来绘制近似的圆形。turtle 为了方便我们绘制圆形，提供了一个 circle() 函数，可直接用于绘制圆形。

```
1  import turtle
2  wn = turtle.Screen()
3  # 直接绘制半径为 100 的圆形
4  turtle.circle(100)
5  turtle.done()
```

直接使用 circle() 函数绘制圆形非常方便、简捷。但我们也要知道 circle() 函数的原理，用该函数画出的圆是由很多的小线段（或小点）组成的。另外，turtle 还提供一个 dot() 函数用于直接绘制实心圆。circle() 函数传入的参数是圆的半径，dot() 函数传入的参数是圆的直径。在用 dot() 函数绘制实心圆时，还可以传入第二个参数，指定实心圆的颜色，例如，dot(100, 'red') 这个指令表示绘制红色的实心圆。当然，也可以用 circle() 函数绘制实心圆，只要指定相同的 pencolor() 和 fillcolor()，并在调用 circle() 函数之前及之后分别加上 begin_fill() 和 end_fill() 就可以了。

利用 circle() 函数，还可以画圆的一部分，这时候需要传入 circle() 的第二个参数：角度，示例代码如下。

```
1  import turtle
2  wn = turtle.Screen()
3  turtle.pencolor('silver')
```

```
4   turtle.fillcolor('silver')
5   # 分3行绘制
6   for i in range(3):
7       # 分3列绘制
8       for j in range(3):
9           # 提起画笔，避免画笔移动的时候“污染”画布
10          turtle.penup()
11          # 将画笔移动到特定的位置
12          turtle.goto(j*150, 200 - i * 150)
13          # 调整画笔的方向为向上
14          turtle.setheading(90)
15          # 落下画笔，准备画图
16          turtle.pendown()
17          turtle.begin_fill()
18          # 绘制半径为50，角度依次增大
19          turtle.circle(50, (i * 3 + j + 1) * 40)
20          turtle.end_fill()
21  turtle.done()
```

在以上的例子中，我们绘制了 9 个不同完整度的圆，如图 8-7 所示。

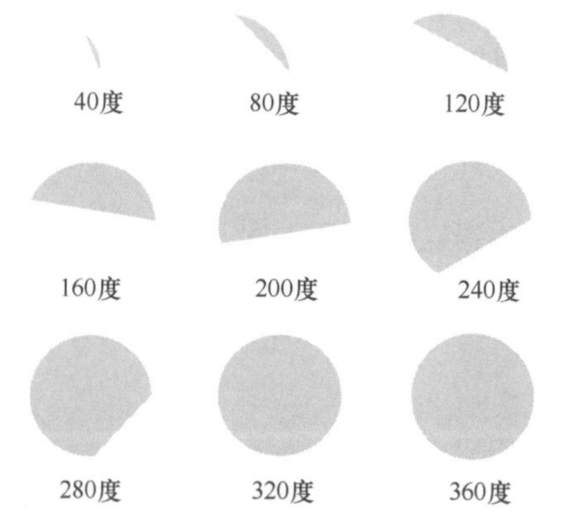

◎图 8-7　设置不同角度参数的绘制效果

注意代码中的几个新指令。

- penup()：提起画笔，避免画笔移动的时候在画布上留下痕迹，

“污染”画布。

- pendown()：落下画笔，之后移动画笔又可以重新绘制图形了。
- goto()：直接移动画笔到指定位置，需要传入两个参数，表示位置的 x、y 坐标值。
- setheading()：设置画笔的方向（小海龟的前进方向）。

8.6 绘制椭圆

在 turtle 中，没有直接绘制椭圆的函数。回忆上一节中提到的多边形和圆形的关系，我们可以用相同的思路来绘制椭圆，通过很多的小线段或点来一步步地勾勒出椭圆。

注意，下面会介绍椭圆的一些数学知识，如果还没有学习过相关数学知识，可以暂时跳过本节。

如果把椭圆宽度的一半定义为 a，把椭圆高度的一半定义为 b，则椭圆上每一个点的坐标可以用这个点到中心点的夹角的三角函数以及 a、b 表示出来，如图 8-8 所示。

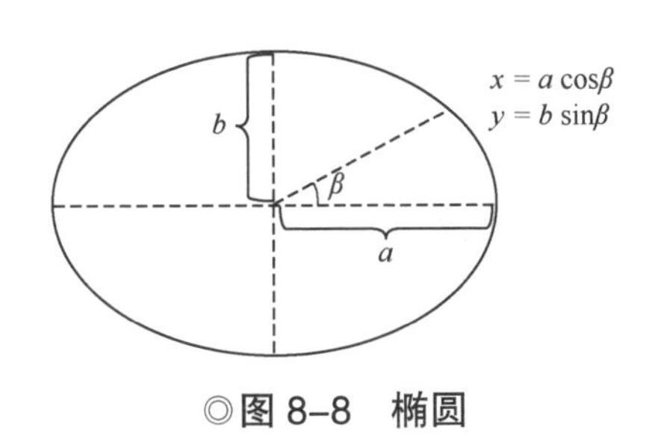

◎图 8-8　椭圆

我们将绘制椭圆的代码放在一个自定义函数 myellipse() 中，以便在其他地方调用。

```
1   import turtle
2   import math
3
4   def myellipse(a,b, steps):
5       """
6       绘制椭圆的自定义函数
7       a: 椭圆宽度的一半
8       b: 椭圆高度的一半
9       steps: 绘制椭圆的步数，步数越多，椭圆绘制得越精细
10      """
11
12      # 每一步转动的角度
13      step_angle = (2*math.pi/360) * 360 / steps
14      # 画笔放置到开始位置
15      turtle.penup()
16      turtle.setpos(a,0)
17      turtle.pendown()
18      # 一步一步地勾勒出椭圆
19      for i in range(steps):
20          next_point = [a*math.cos((i+1)*step_angle),-b*math.sin((i+1)*
                         step_angle)]
21          # 绘制一个点
22          turtle.setposition(next_point)
23
24
25  wn = turtle.Screen()
26  # 调用自定义函数，绘制椭圆
27  myellipse(100, 50, 200)
28  turtle.done()
```

8.7 书写文字

可以在画布中直接输出文字，看下面一个小例子。

```
1   import turtle
2   wn = turtle.Screen()
3   turtle.pencolor('red')
```

```
4    turtle.write('普通', font=('宋体', 24, 'normal'))
5    turtle.penup()
6    turtle.goto(0, -100)
7    turtle.pendown()
8    turtle.write('粗体', font=('宋体', 24, 'bold'))
9    turtle.penup()
10   turtle.goto(0, -200)
11   turtle.pendown()
12   turtle.write('粗体+斜体+下划线', font=('宋体', 24, 'bold', 'italic',
             'underline'))
13   turtle.done()
```

程序执行结果如图 8-9 所示。

普通

粗体

粗体+斜体+下划线

◎图 8-9　程序执行效果

文字输出是通过 write() 函数实现的。write() 函数的具体形式如下。

```
1    write(arg,move=false,align='left',font=('fontname,fontsize,fonttype'))
```

其中的参数说明如下。

- arg：书写的文字。
- move（可选）：真或假，表示是否将画笔移动到文本的右下角。
- align（可选）：字符串的对齐方式可以为左（left）、中（center）或右（right）。

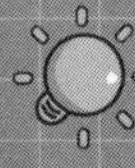

- font（可选）：一个三元组（包括 fontname、fontsize、fonttype）。

8.8 画一个卡通米奇

综合运用前面学的知识，我们来画一个可爱的卡通米奇，代码如下。

```
1   import turtle
2   import math
3   def mycircle(cx, cy, r, pencolor='black', fillcolor='white', pensize = 1):
4       """
5       在指定位置绘制指定大小和颜色的圆形
6       cx: 原点 x 坐标
7       cy: 原点 y 坐标
8       r: 圆的半径
9       pencolor: 画笔颜色，默认为黑色
10      fillcolor: 填充颜色，默认为白色
11      pensize: 画笔的粗细，默认为 1
12      """
13      turtle.penup()
14      turtle.goto(cx, cy)
15      turtle.pendown()
16      turtle.pensize(pensize)
17      turtle.pencolor(pencolor)
18      turtle.begin_fill()
19      turtle.fillcolor(fillcolor)
20      turtle.circle(r)
21      turtle.end_fill()
22  def myellipse(cx, cy, a, b, pencolor='black', fillcolor='white', pensize = 1,
                rotate = 0, from_angle = 0, to_angle = 360, steps = 60):
23      """
24      在指定位置绘制指定大小和颜色的椭圆
25      cx: 原点 x 坐标
26      cy: 原点 y 坐标
27      a: 椭圆宽度的一半
28      b: 椭圆高度的一半
29      pencolor: 画笔颜色，默认为黑色
30      fillcolor: 填充颜色，默认为白色，如果为 None，则不填充
```

```
31        pensize: 画笔的粗细，默认为 1
32        rotate: 椭圆旋转的角度
33        from_angle: 绘制的起始角度，默认为 0
34        to_angle: 绘制的结束角度，默认为 360
35        steps: 绘制椭圆的步数，步数越多，椭圆绘制得越精细
36        """
37
38        # 每一步转动的角度
39        step_angle = (2*math.pi/360) * 360 / steps
40        from_step = int(steps * from_angle / 360)
41        to_step = int(steps * to_angle / 360)
42        rotate_angle = rotate*2*math.pi/360
43        # 将画笔放到开始位置
44        turtle.penup()
45        angle = from_step*step_angle
46        x = cx + a*math.cos(angle)*math.cos(rotate_angle)-
47                 b*math.sin(angle)*math.sin(rotate_angle)
48        y = cy + a*math.cos(angle)*math.sin(rotate_angle)+
49                 b*math.sin(angle)*math.cos(rotate_angle)
50        turtle.goto(x, y)
51        turtle.pendown()
52        turtle.pensize(pensize)
53        turtle.pencolor(pencolor)
54        if not fillcolor is None:
55            turtle.begin_fill()
56            turtle.fillcolor(fillcolor)
57        # 一步一步地勾勒出椭圆
58        for i in range(from_step, to_step):
59            angle = (i + 1) * step_angle
60            x = cx + a*math.cos(angle)*math.cos(rotate_angle)-
61                     b*math.sin(angle)*math.sin(rotate_angle)
62            y = cy + a*math.cos(angle)*math.sin(rotate_angle)+
63                     b*math.sin(angle)*math.cos(rotate_angle)
64            # 绘制一个点
65            turtle.goto(x, y)
66
67        if not fillcolor is None:
68            turtle.end_fill()
69
70
71        # 准备工作
```

```
72      wn = turtle.Screen()
73      # 进行快速绘制
74      turtle.speed('fastest')
75      # 隐藏绘制光标
76      turtle.hideturtle()
77
78      # 画耳朵
79      mycircle(-150, 150, 100, 'black', 'black')
80      mycircle(150, 150, 100, 'black', 'black')
81      # 画整个头
82      mycircle(0, -80, 150, 'black', 'black')
83      # 画下巴
84      myellipse(0, -40, 70, 90, 'black', 'navajowhite', 3)
85      # 画两腮
86      myellipse(-100, -20, 50, 90, 'navajowhite', 'navajowhite', 3, 45)
87      myellipse(100, -20, 50, 90, 'navajowhite', 'navajowhite', 3, 135)
88      myellipse(-100, -20, 50, 90, 'black', None, 3, 45, 30, 250)
89      myellipse(100, -20, 50, 90, 'black', None, 3, 135, 120, 340)
90      # 画前额
91      myellipse(-30, 90, 70, 110, 'navajowhite', 'navajowhite')
92      myellipse(30, 90, 70, 110, 'navajowhite', 'navajowhite')
93      # 画眼眶
94      myellipse(-35, 80, 25, 45, 'black', 'navajowhite')
95      myellipse(35, 80, 25, 45, 'black', 'navajowhite')
96      # 画眼珠
97      myellipse(-35, 50, 10, 16, 'black', 'black')
98      myellipse(35, 50, 10, 16, 'black', 'black')
99      myellipse(0, -5, 100, 30, 'black', 'navajowhite', 3, 0, 60, 120)
100     # 画嘴
101     mycircle(0, -100, 45, 'black', 'black')
102     mycircle(0, -85, 20, 'black', 'red')
103     myellipse(0, 0, 100, 70, 'black', 'navajowhite', 3, 0, 180, 360)
104     # 画鼻子
105     myellipse(0, -15, 30, 25, 'black', 'black')
106     myellipse(0, -10, 12, 8, 'white', 'white')
107
108     turtle.done()
```

程序执行后的结果如图 8-10 所示。

◎图 8–10　卡通米奇

8.9　开始一个真正的游戏——六点连线

现在我们开始用 turtle 设计一个可以供两个人比赛的游戏——六点连线。游戏的规则如下。

（1）在平面上有 6 个点。

（2）参加比赛的两个人分别用一支红色的笔（红方）和一支蓝色的笔（蓝方），依次将两个点连接起来。已经连接过的两个点不允许重复连接。

（3）当某个人连接两点后，如果连接线和他原有的连接线构成了一个三角形，他就成为“输家”。简单地说，先画出同色三角形的人为“输家”。

游戏的过程如图 8–11 所示（此处用实线表示红色，用虚线表示蓝色）。

当蓝方再连接了②、③点，蓝方即为“输家”。

当红方再连接了①、⑥点或②、④点，红方即为“输家”。

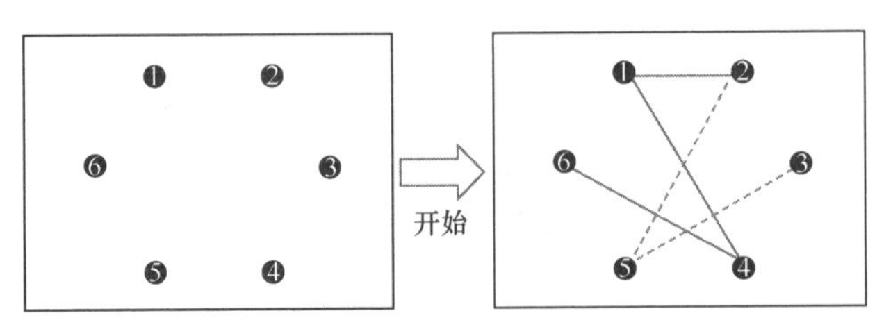

◎图 8-11　六点连线游戏

理解了游戏规则后，在开始编写这个游戏程序前，我们还要介绍一个概念——人机交互。

不同于简单地让计算机画图，用计算机玩游戏总是需要和计算机进行交互。所谓交互，就是当你做了某个动作后，计算机会有相应的反应。而且这种反应是和你之前的动作密切相关的。不同于人和人之间可以通过说话、写字进行沟通互动，人和计算机之间一般是通过键盘、鼠标、摄像头、麦克风等进行“沟通”的。以鼠标为例，当你在操作鼠标时，计算机通过时刻跟踪鼠标的位置（*x*、*y* 坐标值）、鼠标的按键（左键单击、双击，右键单击）、滚轮的滚动来理解你的意图。例如在浏览网页或文章时，你滚动滚轮，计算机就会帮你翻页；你在某个按钮上单击鼠标左键，计算机就会理解为你需要单击这个按钮。我们都知道，计算机只是一台机器，它的“思考”其实是我们编写程序来帮它完成的。计算机能理解并响应我们的操作，其实是因为在计算机接收到各种“事件”（鼠标单击、键盘输入等）时，我们已经为计算机编写好了处理程序，告诉了计算机应该怎么做。

在 turtle 中，我们一般通过鼠标和计算机交互。因此，我们需要处理鼠标的 3 种“事件”。

- onclick：单击鼠标。
- ondrag：拖曳鼠标。
- onrelease：释放鼠标。

每一个事件都可以关联一个处理函数，如 turtle.onclick(mouse_click)。mouse_click() 是一个函数，可以接收鼠标单击时的信息，如 def mouse_click(x, y)，其中 x、y 就是鼠标单击点的 *x*、*y* 坐标。

在我们需要编写的六点连线游戏程序中，有几个难点，我们需要一一进行分析。

（1）如何判断玩家（红方或蓝方）选中了哪个点?

分析：我们可以将玩家操作鼠标（单击）的位置 (x, y) 和 6 个点依次进行比较，当鼠标单击的位置和某个点的位置距离非常小（小于圆点的半径）时，我们就可以判断，玩家“选中”了这个点。

（2）如何判断当前的玩家是红方还是蓝方，即如何判断当前的操作是红方的操作，还是蓝方的操作?

分析：我们可以用一个变量记录当前的操作人是红方还是蓝方，在当前的操作人进行了一次有效的连线（即选中了两个有效的点）后，立即将该变量转化为记录另一个操作人操作的变量。

（3）如何判断玩家是否失败?

分析：判断失败的依据是，玩家的连线中，有 3 条线组成了一个三角形。不同于人可以通过眼睛的观察发现是否有 3 条线组成了一个三角形，对于计算机而言，只能通过一些逻辑判断来“发现”是否存在 3 条线组成了一个三角形的情况。通过观察三角形的特性，我们发现，当 3 条线组成一个三角形时，这 3 条线存在一些特定的关系。

我们把 6 个点依次编号为 1、2、3、4、5、6。把连线的两个点中编号小的点定为连线的“首”，编号大的点定为连线的“尾”，那么构成 3 条连线的 3 个点，必然符合如下规则。

- 编号最小的点必然是两条连线的“首”，图 8-12 中的点①是连线 A、C 的“首”。
- 编号最大的点必然是两条连线的“尾”，图 8-12 中的点④是连线 B、C 的“尾”。
- 编号大小位于中间的点必然是 1 条连线的“首”，1 条连线的“尾”。图 8-12 中的点③是连线 B 的“首”，连线 A 的“尾”。

只要我们找到 3 个点符合以上规则，我们就可以判定存在 3 条线组成了一个三角形，如图 8-12 所示。

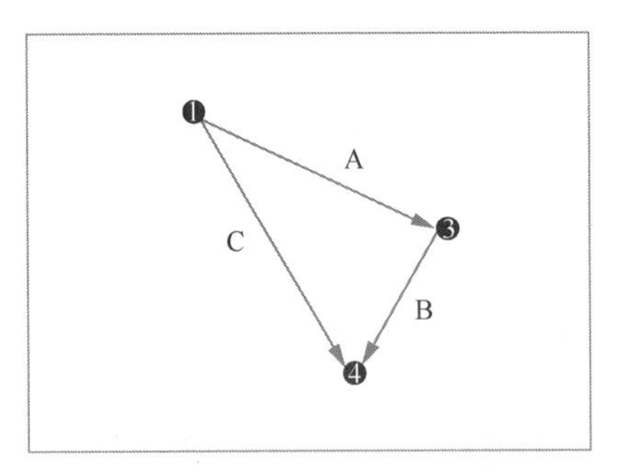

◎图 8-12　3 条线组成一个三角形

以下是程序代码。

```
1   import turtle
2   import math
3
4   # 设定 6 个点的总距离
5   EDGE_LENGTH = 300
6
7   screen = turtle.Screen()
8   screen.setup(800,800)
9   screen.title(" 六点连线游戏 ")
10  screen.tracer(0,0)
11  turtle.hideturtle()
12
13  def gen_dots():
14      """
15      创建 6 个小圆点
16      """
17      r = []
18      turtle.penup()
19      turtle.goto(EDGE_LENGTH, 0)
20      turtle.left(60)
21      for i in range(6):
22          r.append(turtle.position())
23          turtle.left(60)
24          turtle.forward(EDGE_LENGTH)
25
26      return r
27
28  def draw_dot(x,y,color):
29      """
30      绘制小圆点
31      x: 小圆点 x 坐标
32      y: 小圆点 y 坐标
33      color: 小圆点的颜色
34      """
35      turtle.penup()
36      turtle.goto(x,y)
37      turtle.color(color)
38      turtle.dot(15)
39
40  def draw_line(p1,p2,color):
```

```
41	    """
42	    绘制连线
43	    p1: 连线的端点 1
44	    p2: 连线的端点 2
45	    color: 连线的颜色
46	    """
47	
48	    turtle.penup()
49	    turtle.pensize(3)
50	    turtle.goto(p1)
51	    turtle.pendown()
52	    turtle.color(color)
53	    turtle.goto(p2)
54	
55	def draw_play_dots():
56	    """
57	    绘制游戏中的圆点
58	    """
59	    global selection
60	
61	    for i in range(len(dots)):
62	        if i in selection:
63	            draw_dot(dots[i][0],dots[i][1],turn)
64	        else:
65	            draw_dot(dots[i][0],dots[i][1],'dark gray')
66	
67	def draw():
68	    """
69	    绘制游戏界面
70	    """
71	    global dots
72	
73	    draw_play_dots()
74	    for i in range(len(red)):
75	        draw_line(dots[red[i][0]], dots[red[i][1]], 'red')
76	    for i in range(len(blue)):
77	        draw_line(dots[blue[i][0]], dots[blue[i][1]], 'blue')
78	
79	    screen.update()
80	
81	def play(x,y):
82	    """
```

```
83        游戏处理
84        x：鼠标单击点的 x 坐标
85        y：鼠标单击点的 y 坐标
86        """
87
88        global selection,turn,red,blue
89
90        # 计算每个点与鼠标单击点的距离
91        for i in range(len(dots)):
92            dist = math.sqrt((dots[i][0]-x)**2 + (dots[i][1]-y)**2)
93            if dist<8:
94                # 如果距离小于圆点的半径
95                # 当某个圆点已经被选中，则从选中集合中删除该圆点
96                # 否则将该圆点放入选中集合
97                if i in selection:
98                    selection.remove(i)
99                else:
100                   selection.append(i)
101               break
102       if len(selection)==2:
103           # 如果选中了两个点，则首先对这两个点重新排列
104           # 编号小的排在前面，编号大的排在后面
105           selection=(min(selection),max(selection))
106           # 如果新选中的一对点不属于红方也不属于蓝方
107           # 则将这一对点归入红方或蓝方的集合，并清空选中的点的集合
108           if selection not in red and selection not in blue:
109               if turn=='red':
110                   red.append(selection)
111               else:
112                   blue.append(selection)
113                   turn = 'red' if turn=='blue' else 'blue'
114                   selection = []
115       draw()
116       # 判断游戏胜负
117       r = gameover(red,blue)
118       if r!=0:
119           screen.textinput('游戏结束：',r+'胜利！请输入获胜者的名字：')
120           turtle.bye()
121
122   def gameover(r,b):
123       """
```

```
124        游戏胜负判断
125        """
126
127        if len(r)<3:
128            return 0
129        r.sort()
130        for i in range(len(r)-2):
131            for j in range(i+1,len(r)-1):
132                for k in range(j+1,len(r)):
133                    if r[i][0]==r[j][0] and r[i][1]==r[k][0] and r[j]
                                [1]== r[k][1]:
134                        return '蓝方'
135        if len(b)<3:
136            return 0
137        b.sort()
138        for i in range(len(b)-2):
139            for j in range(i+1,len(b)-1):
140                for k in range(j+1,len(b)):
141                    if b[i][0]==b[j][0] and b[i][1]==b[k][0] and b[j]
                                [1]== b[k][1]:
142                        return '红方'
143        # 返回0，表示没有分出胜负
144        return 0
145
146    # ================ 游戏主程序 ================
147    # 当前选中点的集合
148    selection = []
149    # 当前的操作人：红方或蓝方
150    turn = 'red'
151    # 6个点的位置
152    dots = gen_dots()
153    # 红方选中的点的集合
154    red = [ ]
155    # 蓝方选中的点的集合
156    blue = [ ]
157    draw()
158    # 通过处理游戏中的鼠标单击(onclick)事件，响应玩家的操作
159    screen.onclick(play)
```

第二部分 Python竞赛题精讲与练习

题目 1　绘制菱形花朵（蓝桥杯真题）

识别出图形中的基本形状，以基本形状为单位绘制出最终图形。绘制出如图 A-1 所示的图形，中间是半径为 120 的圆，四周是边长为 80 的 12 个菱形。

◎图 A-1　菱形花朵

使用 turtle 绘制出如图 A-1 所示的图形。

（1）背景为白色，中间圆用红色轮廓线绘制，不填充。

（2）图中菱形的长对角线延长线经过圆心（如图 A-1 中虚线所示，虚线不用绘制）。

（3）菱形用黑色轮廓线绘制、黄色填充，其中锐角为 60 度。

（4）绘图过程中隐藏画笔，能清楚地看到图形绘制过程。

参考程序如下。

```
1  from turtle import *
2  hideturtle()
3  for i in range(12):
4      pencolor("red")
5      circle(120, 30)
6      pencolor("black")
```

```
7           fillcolor("yellow")
8           begin_fill()
9           right(120)
10          forward(80)
11          left(60)
12          forward(80)
13          left(120)
14          forward(80)
15          left(60)
16          forward(80)
17          end_fill()
18      right(120)
```

【分析说明】这道题考查用 turtle 画图。上述图形通常有两种绘制方法，一种是画一个菱形和一小段弧，再将其旋转复制得到；另一种方法是先画圆，然后画一个菱形，跳回圆心旋转后再跳到圆边缘开始画第二个菱形，直到画完 12 个菱形。

题目 2　输出含 3 的数字（蓝桥杯真题）

输出 1 ~ 1000 包含 3 的数字。如果 3 是连在一起的（如 233）则在数字前加上 &；如果这个数字是质数，则在数字后加上 *，例如 3*、13*、23*、30、31*、32、&33、43*……&233*……。

输入：无。

输出：按照题意输出数字。

样例输出：3* 13* 23*……

参考程序如下。

```
1   def Prime(n):
2       count = 0
3       for i in range(1, n+1):
4           if n % i == 0:
```

```
5            count += 1
6        if count == 2:
7            return True
8        else:
9            return False
10
11   for i in range(1, 1001):
12       string = str(i)
13       if "3" in string:
14           if "33" in string:
15               string = '&'+string
16           if Prime(i):
17               string += "*"
18           print(string)
```

【分析说明】判断一个数是否是质数的方法很多，这里给出了一种方法。这道题的参考程序在 if 条件语句中使用了两个并列的 if 分支语句，这样较好地解决了“含有两个 3 并且是质数”的问题。

题目 3　输出杨辉三角（蓝桥杯真题）

杨辉三角是二项式系数在三角形中的一种几何排列，中国南宋数学家杨辉在 1261 年所著的《详解九章算法》一书中对此有明确记载。欧洲数学家帕斯卡在 1654 年发现这一规律，所以它又叫帕斯卡三角形。其定义为，其顶端（第 1 行）是 1，第 2 行是两个 1，第三行是 1、2、1，中间的 2 是其上方相邻两个数字的和，依次类推，形成如图 A-2 所示的杨辉三角。

对于任意输入的 2 ~ 15 的整数 n，请编程输出有 n 行的杨辉三角。

输入：一个整数 n（$2 \leqslant n \leqslant 15$）。

输出：由 n 行数字组成的杨辉三角。具体输出格式参考如下样例。

样例输入：（以下以“　　　”为背景的信息是程序输出内容。）

请输入一个 2 ~ 15 的整数：6

样例输出：如图 A-2 所示。

◎图 A-2　杨辉三角

参考程序如下。

```
1   tri = [[1], [1, 1]]
2   n = int(input("请输入一个 2 ~ 15 的整数："))
3   for i in range(2, n):
4       newline = []
5       newline.append(1)
6       for j in range(i-1):
7           val = tri[i-1][j]+tri[i-1][j+1]
8           newline.append(val)
9       newline.append(1)
10      tri.append(newline)
11
12  for i in range(n):
13      print("    "*(n-i-1), end="")   #4 个空格
14      for j in range(i+1):
15          print('{:<4}'.format(tri[i][j]), end="    ")   #4 个空格
16  print()
```

【分析说明】这道题用二维数组能较快地得到一行新的数据。要想让结果居中显示，也可以先将数组元素转换为字符，使用 join() 和 format() 来实现。

题目 4　输出菱形（蓝桥杯真题）

输入一个半角英文字符和一个 3 ~ 19 的奇数，输出由半角符号构成的菱形图形，输入的数为菱形中最长一行半角符号的个数。

输入：第一行，构成菱形的半角符号；第二行，菱形中最长一行半角符号的个数。

输出：由半角符号构成的菱形。

样例输入：（以下以“　　　”为背景的信息是程序输出内容。）

请输入半角符号：*

请输入一个 3 ~ 19 的奇数：11

样例输出：如图 A-3 所示。

```
     *
    ***
   *****
  *******
 *********
***********
 *********
  *******
   *****
    ***
     *
```

◎图 A-3　由半角符号构成的菱形

参考程序如下。

```
1    s = input("请输入半角符号：")
2    num = int(input("请输入一个 3 ~ 19 的奇数："))
3    num1 = num//2+1
4    num2 = num//2
5
```

```
6   for i in range(num1):
7       for k in range(num1-1-i):
8           print(" ", end=" ")
9       for j in range(2*i+1):
10          print(s, end=' ')
11      print()
12
13  for i in range(num2):
14      for k in range(i+1):
15          print(" ", end=" ")
16      for j in range(num-(i+1)*2):
17          print(s, end=" ")
18  print()
```

【分析说明】因为输出结果是字符，也可以直接采用 format() 实现居中格式，使代码更为简洁。

题目 5　输出等腰三角形（蓝桥杯真题）

输入一个半角符号和一个 2 ～ 19 的整数，将输入的数作为高，用输入的半角符号构成不填充的等腰三角形。

输入：第一行，用于构成不填充等腰三角形的一个半角符号；

第二行，等腰三角形的高，范围为 2 ～ 19。

输出：按照题意输出的等腰三角形。

样例输入：

$

6

样例输出：如图 A-4 所示。

```
     $
    $ $
   $   $
  $     $
 $       $
$$$$$$$$$$$
```

◎图 A-4　等腰三角形

参考程序如下。

```
1   flag = input()
2   num = int(input())
3
4   for i in range(num-1):
5       print(" ", end=" ")
6   print(flag)
7
8   for i in range(num-2):
9       for j in range(num-i-2):
10          print(" ", end=" ")
11      print(flag, end=" ")
12      for j in range(i*2+1):
13          print(" ", end=" ")
14      print(flag)
15  for i in range(num*2-1):
16  print(flag, end=" ")
```

【分析说明】输出的图形从第一行开始每一行的输出规律（除最后一行）是：输入若干个空格，然后输出符号，再输入若干个空格，最后输出符号。其中输出的空格数跟所在行数有关系。这道题也可以采用 format() 进行居中格式化，使代码更简洁。

题目 6　绘制彩色风轮（蓝桥杯真题）

在 turtle 画布上绘制如图 A-5 所示的风轮，半径是 100。要求如下。

（1）风轮由 4 个扇叶组成，每个扇叶大小相等，相邻两个扇叶间角度相等。

（2）4 个扇叶的颜色分别是“yellow”“blue”“green”“red”。

输入：无。

输出：如图 A-5 所示。

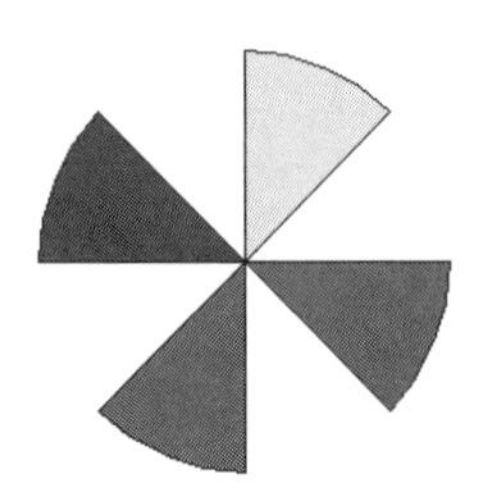

◎图 A-5　彩色风轮

参考程序代码如下。

```
1   import turtle
2   t = turtle.Turtle()
3   c = ["yellow", "blue", "green", "red"]
4   t.left(45)
5   for i in range(4):
6       t.fillcolor(c[i])
7       t.begin_fill()
8       t.forward(100)
9       t.left(90)
10      t.circle(100, 45)
11      t.left(90)
12      t.forward(100)
13      t.end_fill()
14  t.right(135)
```

【分析说明】这道题考查用 turtle 画图。每绘制完一个扇形再填充，旋转后绘制下一个扇形。注意每次回到圆心后的方向。

题目 7　二十四节气（蓝桥杯真题）

《中国天文年历》显示，北京时间 6 月 21 日，夏至伴随着“接天莲叶”的“碧”和“映日荷花”的“红”，“盛装登场”。夏至是中国二十四节气的第十个节气，二十四节气被列入联合国教科文组织人类非物质文化遗产名录。在国际气象界，这一已有千年历史的体系被誉为“中国第五大发明”。“春雨惊春清谷天，夏满芒夏暑相连。秋处露秋寒霜降，冬雪雪冬小大寒。”二十四节气中每个节气都有较为稳定的日期。表 A-1 给出了农历庚子年（公历 2020 年 1 月 25 日 ~ 2021 年 2 月 11 日）中，二十四个节气的名称及公历日期。

表 A-1　农历庚子年的二十四个节气的信息

名称	公历日期	名称	公历日期	名称	公历日期	名称	公历日期	名称	公历日期	名称	公历日期
立春 LC	2.4	雨水 YS	2.19	惊蛰 JZ	3.5	春分 CF	3.20	清明 QM	4.4	谷雨 GY	4.19
立夏 LX	5.5	小满 XM	5.20	芒种 MZ	6.5	夏至 XZ	6.21	小暑 XS	7.6	大暑 DS	7.22
立秋 LQ	8.7	处暑 CS	8.22	白露 BL	9.7	秋分 QF	9.22	寒露 HL	10.8	霜降 SJ	10.23
立冬 LD	11.7	小雪 XX	11.22	大雪 DX	12.7	冬至 DZ	12.21	小寒 XH	1.5	大寒 DH	1.20

输入：输入一个日期，介于公历 2020 年 1 月 25 日 ~ 2021 年 1 月 20 日。例如，2020 年 5 月 2 日写为“2020*05*02”。

输出：如果当天恰好是一个节气，输出这个节气的汉语拼音缩写；如果当天不是节气，则输出下一个节气的汉语拼音缩写。

样例输入：

2020*06*21

样例输出：

XZ

参考程序代码如下。

```
1  DATES = [105, 120, 204, 219, 305, 320, 404, 419, 505, 520, 605, 621,
            706, 722, 807, 822, 907, 922, 1008, 1023, 1107, 1122, 1207, 1221]
2  NAMES = ['XH', 'DH', 'LC', 'YS', 'JZ', 'CF', 'QM', 'GY', 'LX',
            'XM', 'MZ','XZ','XS', 'DS', 'LQ', 'CS', 'BL', 'QF', 'HL',
            'SJ', 'LD', 'XX', 'DX', 'DZ']
3  y, m, d = input().split('*')
4  date = int(m + d)
5
6  index = 0
7  for DATE in DATES:
8      index += int(date > DATE)
9  print(NAMES[index])
```

【分析说明】该题程序比较烦琐，可以利用条件分支结构来完成。本题参考程序利用数组（有序的）以及 int(date>DATE) 返回值为 1 或者 0 的特点得到“日期”的序号，从而找到对应的节气。

题目 8　校门外的树

某校大门外长度为 L 米的马路上有一排树，每两棵相邻的树之间的间隔都是 1 米。我们可以把马路看成一个数轴，马路的一端在数轴上 0 的位置，另一端在 L 的位置；数轴上的每个整数点，即 $0,1,2,\cdots,L$，都种有一棵树。

马路上有一些区域要用来建地铁，这些区域用它们在数轴上的起始点和终止点表示。已知任一区域起始点和终止点的坐标都是整数，区域之间可能有重合的部分。现在要把这些区域中的树（包括区域端点处的两棵树）移走，你的任务是计算将这些树都移走后，马路上还有多少棵树。

输入：第一行有两个整数 L（$1 \leqslant L \leqslant 10000$）和 M（$1 \leqslant M \leqslant 100$），

L 代表马路的长度，*M* 代表区域的数目，*L* 和 *M* 之间用一个空格隔开。接下来的 *M* 行每行包含两个不同的整数，整数间用一个空格隔开，表示一个区域起始点和终止点的坐标。

区域的设定要满足重叠的部分不超过 20%。

输出：只有一行，这一行包含一个整数，表示马路上剩余树的数目。

样例输入：

500 3

150 300

100 200

470 471

样例输出：

298

参考程序代码如下。

```
1   L, M = input().split(' ')
2   intervals = []
3   for i in range(int(M)):
4       x, y = input().split(' ')
5       intervals.append([int(x), int(y)])
6   L = int(L)
7   lis = [1 for a in range(L+1)]
8
9   for interval in intervals:
10      for i in range(interval[0], interval[1]+1):
11          lis[i] = 0
12  print(lis.count(1))
```

【分析说明】本题建立一个数组 lis，存储所有树的起始状态（没有移走前为 1，移走后为 0），通过遍历给定区间对应的每一个元素，将它们状态更改为 0，最后输出 lis 中没有被改变状态的元素（也就是 1）的数量。

题目 9　百钱买百鸡

公鸡 1 只值 5 钱，母鸡 1 只值 3 钱，小鸡 3 只值 1 钱，请问 100 钱买 100 只鸡，公鸡、母鸡、小鸡各多少只?

样例输出：

公鸡: 0 只，母鸡: 25 只，小鸡: 75 只

参考程序代码如下。

```
1  for cock in range(100//5+1):
2      for hen in range(100//3+1):
3          for chick in range(101):
4              if cock+hen+chick == 100 and 5*cock+3*hen+chick/3 == 100:
5                  print(" 公鸡 :{} 只，母鸡 :{} 只，小鸡 :{} 只 ".format(cock,
                       hen, chick))
```

【分析说明】本题参考程序利用穷举的思路完成，每一个 for 循环的范围都是 0 ~ 100，也可以根据题意缩小范围，以更快得到答案。

题目 10　国王的金币

国王将金币作为工资，发放给忠诚的骑士。第一天，骑士收到 1 枚金币；之后 2 天（第二天和第三天）里，每天收到 2 枚金币；之后 3 天（第四、五、六天）里，每天收到 3 枚金币；之后 4 天（第七、八、九、十天）里，每天收到 4 枚金币……这种工资发放模式会一直延续下

去，当连续 N 天每天收到 N 枚金币后，骑士会在之后的连续 $N+1$ 天里，每天收到 $N+1$ 枚金币（N 为任意正整数）。

编写一个程序，确定从第一天开始的给定天数内，骑士一共获得了多少金币。

输入：一个整数（范围 1 ~ 10000），表示天数。

输出：骑士获得的金币数。

样例输入：

6

样例输出：

14

参考程序代码如下。

```
1   n = int(input())
2   days = 0
3   s = 0
4   flag = 1
5   while days < n:
6       for i in range(flag):
7           days += 1
8           s += flag
9           if days == n:
10              break
11      flag += 1
12  print(s)
```

【分析说明】这样的题目常建立两个变量，在 while 循环中使用条件语句（通常会用 break 语句）。

题目 11　选新猴王

41 只猴子要选新猴王。新猴王的选择方法是，让 41 只候选猴子围成一圈，从第一只猴子开始为每只猴子编号，编号为 1 ~ 41 号。从 1 号开始报数，每轮从 1 报到 3，凡报 3 的猴子即退出圈，接着又从紧邻的下一只猴子开始同样的报数。如此不断循环，最后剩下的一只猴子就是新猴王。请问是几号猴子当选新猴王？

参考程序代码如下。

```
1  n = 41
2  lis = [x for x in range(1, n+1)]
3  while len(lis) > 1:
4      for i in range(2):
5          lis.append(lis.pop(0))
6      lis.pop(0)
7  print(*lis)
```

【分析说明】本题灵活使用数组的相关指令。解题思路是，因为每次报 3 的猴子退出，所以将报 1 和报 2 的猴子（对应的序号）放在数组后面，删除新的数组的第一个猴子（报 3 的），重复操作下去得到答案。这是经典的约瑟夫问题，解法非常多，大家可以多加思考。

题目 12　约分

约分是把分数化成最简分数的过程，约分后分数的值不变，且分子分母的最大公约数为 1，若最终结果的分母为 1，则直接用整数表示。

提示：两个以逗号分隔输入的整数，可以采用如下方法进行转换、分离。

```
1  str=input()
2  num=eval(str)
```

输入：输入两个正整数（以逗号分隔）分别作为分数的分子和分母。

输出：第一行显示输入的分数。第二行显示约分后的最简分数，若分母为 1，直接用整数表示。

样例输入 1：

27，30

样例输出 1：

27/30

9/10

样例输入 2：

36，6

样例输出 2：

36/6

6

参考程序代码如下。

```
1   str = input()
2   num = eval(str)
3   a = num[0]
4   b = num[1]
5   print("{}/{}".format(a, b))
6   if a > b:
7       n = b
8   else:
9       n = a
10
11  for i in range(2, n+1):
12      if a % i == 0 and b % i == 0:
13          a1 = a//i
```

```
14            b1 = b//i
15    if b1 == 1:
16        print(a1)
17    else:
18        print("{}/{}".format(a1, b1))
```

题目 13　求 *a* 到 *aa*⋯*a* 之间所有整数之和

s=*a*+*aa*+*aaaa*+*aa*⋯*a*，求 *s* 的值。

例如，输入相加的数字 *a* 为 3，相加的次数为 3，那么就是 3+33+333+3333=3702；输入相加的数字为 5，相加的次数为 2，那么就是 5+55+555=615。

样例输入：（以下以“　　”为背景的信息是程序输出的内容。）

请输入所要相加的数字：3

请输入相加的次数：3

样例输出：3702

参考程序代码如下。

```
1    n = input("请输入所要相加的数字：")
2    num = int(input("请输入相加的次数："))
3    string = ''
4    s = 0
5    for i in range(num):
6        string += n
7        s += int(string)
8    print(s)
```

题目 14　判断三角形的形状

用户输入 3 个正整数，以逗号（英文标点）分隔，判断以这 3 个正整数作为 3 条边的边长能否组成一个三角形，并判断三角形的形状。

提示：在任意一个三角形中，两边之和大于第三边。

输入：一次输入 3 个正整数，中间以逗号分隔。正整数的取值范围是 1 ~ 200。

输出：以这 3 个正整数作为 3 条边的边长，如能组成三角形，则在第一行输出“边长为 X,X,X 的 3 条边能组成三角形”；如不能，则输出“不能组成三角形”。如果能组成三角形，并且为直角三角形，则在第二行输出“这个三角形是直角三角形”；如果三角形为等腰三角形，则输出“这个三角形是等腰三角形”；如果不是以上两种情况，则输出“这个三角形是普通三角形”。

样例输入：

请输入 3 个正整数：

4,4,6

样例输出：

边长为 4,4,6 的 3 条边能组成三角形

这个三角形是等腰三角形

参考程序代码如下。

```
1   nums = eval(input("请输入3个正整数:"))
2   c = list(nums)
3   c.sort()
4   if c[0]+c[1] > c[2]:
5       print("边长为{},{},{}的3条边能组成三角形".format(c[0], c[1], c[2]))
6       if c[0]**2+c[1]**2 == c[2]**2:
7           print("这个三角形是直角三角形")
```

```
8         elif c[0] == c[1] or c[1] == c[2]:
9             print(" 这个三角形是等腰三角形 ")
10        else:
11            print(" 这个三角形是普通三角形 ")
12    else:
13        print(" 不能组成三角形 ")
```

题目 15 红绿六角图形

使用 turtle 绘制出如图 A-6 所示的图形。

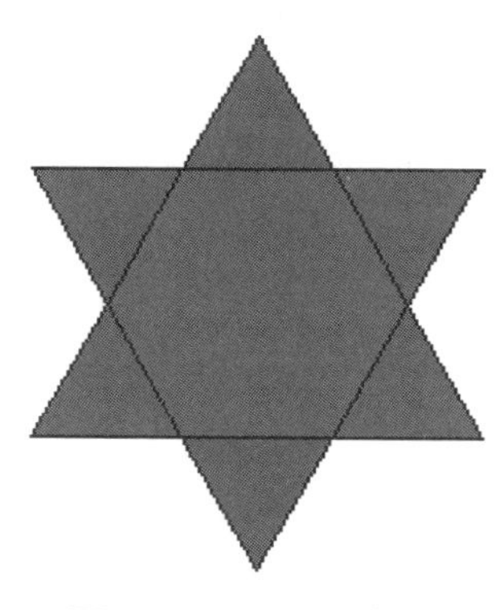

◎图 A-6 红绿六角图形

提示：识别出图形中的基本形状，以基本形状为单位绘制出最终图形。

绘制图形要求如下。

（1）背景为白色。

（2）图形中间是边长为 150 的正六边形，周围是 6 个等边三角形。正六边形和等边三角形的填充颜色分别为红色、绿色。

（3）正六边形的上下两条边要求与 *x* 轴方向平行。

（4）绘制过程中隐藏画笔，能清楚地看到图形绘制过程。

参考程序代码如下。

```
1   import turtle
2   t = turtle.Pen()
3   t.hideturtle()
4   t.fillcolor("green")
5   t.begin_fill()
6   t.forward(300)
7   t.left(120)
8   t.forward(450)
9   t.left(120)
10  t.forward(450)
11  t.left(120)
12  t.forward(150)
13
14  t.left(120)
15  t.forward(300)
16  t.right(120)
17  t.forward(450)
18  t.right(120)
19  t.forward(450)
20  t.right(120)
21  t.forward(150)
22  t.end_fill()
23
24  t.fillcolor("red")
25  t.begin_fill()
26  for i in range(6):
27      t.forward(150)
28      t.right(60)
29  t.end_fill()
```

题目 16　电梯的用电量

电梯可到达的最低楼层为地下 3 层（-3），最高楼层为地上 12 层（12），中间没有 0 层；电梯向上运行时每上升 1 层消耗 1 单位电量，向下运行时每下降 1 层消耗 0.3 单位电量；输入某段时间内电梯停过的楼层顺序，请你计算电梯消耗了多少单位电量。

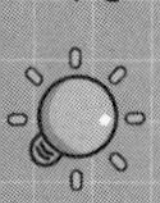

输入：N 个数字（$2 \leqslant N \leqslant 10$），数字间以逗号分隔，代表电梯停过的楼层，输入数字的范围是 [-3,12]。

输出：电梯消耗的单位电量数。

样例输入 1：

1，11，1

样例输出 1：

13.0

样例输入 2：

1，2，8，1，-3，12，1

样例输出 2：

27.3

参考程序代码如下。

```
1   num = eval(input())
2   num = list(num)
3   sum1 = 0
4   for i in range(len(num)-1):
5       if num[i] < num[i+1]:
6           if num[i] < 0 and num[i+1] > 0:
7               sum1 += num[i+1]-num[i]-1
8           else:
9               sum1 += num[i+1]-num[i]
10
11      if num[i] > num[i+1]:
12          if num[i] > 0 and num[i+1] < 0:
13              sum1 += (num[i]-num[i+1]-1)*0.3
14          else:
15              sum1 += (num[i]-num[i+1])*0.3
16  print(sum1)
```

题目 17　找回密码

小明忘记电子邮箱的密码了，请帮他找回密码。他还记得的密码信息如下。

- 密码是 6 位数字，前面两位是 31。
- 最后两位数字相同。
- 能被 16 和 46 整除。

请你找出所有可能的密码并统计个数。

参考程序代码如下。

```
1  num = 0
2  for i in range(310000, 320000):
3      if i % 100 % 11 == 0 and i % 16 == 0 and i % 46 == 0:
4          print(i)
5          num += 1
6  print(num)
```

题目 18　数的反转

给定一个正整数，请将该数各位上的数字反转得到一个新数。新数也应满足整数的常见形式，即除非给定的原数为零，否则反转后得到的新数最高位数字不应为零（参见样例输入 2、样例输出 2）。

输入：输入内容共 1 行，一个正整数 N（$0 \leqslant N \leqslant 1000000000$）。

输出：输出结果共 1 行，一个正整数，表示反转后的新数。

样例输入 1：

123

样例输出 1：

321

样例输入 2：

380

样例输出 2：

83

参考程序代码如下。

```
1  nums = input()
2  newnums = nums.strip('0')
3  for i in range(len(newnums)-1, -1, -1):
4      print(newnums[i], end="")
```

题目 19　兔子的繁殖

把雄兔、雌兔各一只新兔放入养殖场中。每只雌兔在出生两个月以后，每月产一对雌雄新兔，试问第 n 个月后养殖场中共有多少对兔子。

输入：一个正整数 n。

输出：第 n 个月后的兔子对数。

样例输入：

5

样例输出：

5

参考程序代码如下。

```
1  n = int(input())
2  hares = [1, 1]
3  for i in range(2, n):
4      hare = hares[i-1]+hares[i-2]
5      hares.append(hare)
6  print(hares[n-1])
```

题目 20　斐波那契数列中的某个数

给出 n 个正整数，判断每一个数是否是斐波那契数列中的某个数，如果是，求出是第几个数。

输入：输入一个正整数 n，后面接着 n 行数，每行一个正整数。

输出：输入的正整数是否是斐波那契数列中的某个数。

样例输入：

: 2

输入一个正整数: 5

输入一个正整数: 183

样例输出：

5 是斐波那契数列中第 4 个数

183 不是斐波那契数列中的数

参考程序代码如下。

```
1   n = int(input(":"))
2   nums = []
3   for x in range(n):
4       a = int(input(" 输入一个正整数: "))
5       nums.append(a)
6   def Fabonacci(a):
7       lis = [1, 1]
8       i = 2
9       num = 0
10      while num < a:
11          num = lis[i-2]+lis[i-1]
12          lis.append(num)
13          i += 1
14      if a == 1:
15          print("1 是斐波那契数列中的第 1、2 个数 ")
```

```
16        elif num == a:
17            print("{} 是斐波那契数列中第 {} 个数 ".format(a, i))
18        else:
19            print("{} 不是斐波那契数列的数 ".format(a))
20    for a in nums:
21        Fabonacci(a)
```

题目 21　在 ABCD 中取 3 个字母排列组合

用 A,B,C,D 这 4 个字母进行排列组合，3 个字母为一组。每组中字母互不相同且每组不重复，总共有多少组?

输入：无。

输出：多行输出，每一行输出一组；并输出符合要求组合的总数量。

参考程序代码如下。

```
1   words = 'ABCD'
2   cnt=0
3   for x in words:
4       for y in words:
5           for z in words:
6               if x!=y and y!=z and x!=z:
7                   cnt+=1
8                   print(x,y,z)
9   print(cnt)
```

题目 22　求身体质量指数（BMI）

身体质量指数（BMI）是国际上常用的衡量人体肥胖程度和是否健康的重要标准。

BMI= 体重（千克）÷ 身高（米）的平方。

BMI 在不同数值范围对应的体重情况分别如下。

过轻，低于 18.5；正常，18.5 ~ 23.9；过重，24 ~ 26.9；肥胖，27 ~ 32；非常肥胖，高于 32。

分别输入用户的身高（单位米，保留两位小数）和体重（单位千克，保留一位小数），根据上述公式计算 BMI（保留一位小数），并输出其对应的体重情况。

样例输入：（以下以“　　　　”为背景的信息是程序输出内容。）

请输入您的体重（千克）: 61　　　　请输入您的身高（米）: 1.70

样例输出：

您的 BMI 为: 21.1　　　　您的体重情况：正常

参考程序代码如下。

```
1   weigh = float(input("请输入您的体重（千克）："))
2   height = float(input("请输入您的身高（米）："))
3   bmi = weigh/height**2
4   print("您的 BMI 为 :{0:.1f}".format(bmi))
5   if bmi < 18.5:
6       print("您的体重情况 :", "过轻")
7   elif 18.5 <= bmi <= 23.9:
8       print("您的体重情况 :", "正常")
9   elif 24 <= bmi <= 26.9:
10      print("您的体重情况 :", "过重")
11  elif 27 <= bmi <= 32:
12      print("您的体重情况 :", "肥胖")
13  else:
14      print("您的体重情况 :", "非常肥胖")
```

题目 23　旋转的五边形

使用 turtle 绘制出如图 A-7 所示的图形，要求如下。

（1）绘制一个正五边形旋转产生的复杂图形。

（2）正五边形每条边长为 50 且边的颜色为蓝色。

（3）绘制 8 个大小相同、颜色相同的正五边形。

（4）绘图过程中隐藏画笔，能清楚地看到图形绘制过程。

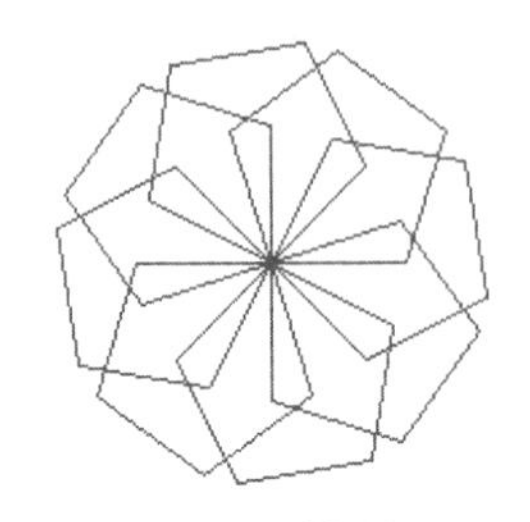

◎图 A–7　旋转的五边形

参考程序代码如下。

```
1  import turtle
2  t = turtle.Pen()
3  t.hideturtle()
4  t.pencolor("blue")
5  for x in range(8):
6      for y in range(5):
7          t.forward(50)
8          t.left(72)
9      t.left(45)
```

题目 24　输出偶数

用户输入一个正整数（*N*），将 1 ～ *N* 的偶数输出。

样例输入：（以下以“　　”为背景的信息是程序输出内容。）

请输入一个正整数（N）: 10

样例输出：

2

4

6

8

参考程序代码如下。

```
1  n = int(input("请输入一个正整数（N）："))
2  for x in range(2, n, 2):
3      print(x)
```

题目 25　按指定规则输出数

输入一个正整数，按照规则输出结果：输入 1 输出 1，输入 2 输出 12，输入 3 输出 123，依此类推。

样例输入 1：（以下以“　　　”为背景的信息是程序输出内容。）

请输入一个正整数：1

样例输出 1：

结果：1

样例输入 2：（以下以“　　　”为背景的信息是程序输出内容。）

请输入一个正整数：2

样例输出 2：

结果：12

参考程序代码如下。

```
1  nums_str = list(input('请输入一个正整数：'))
2  print("结果:", end='')
3  for num_str in nums_str:
4      for i in range(1, int(num_str)+1):
5          print(i, end='')
```

题目 26　内切圆

使用 turtle 绘制出如图 A-8 所示的图形，要求如下。

（1）绘制一个正方形且有一个填充的内切圆。

（2）正方形边长为 100 且轮廓线为红色。

（3）内切圆轮廓线为红色并且填充颜色为黄色。

（4）绘图过程中隐藏画笔，能清楚地看到图形绘制过程。

输入：无。

输出：如图 A-8 所示。

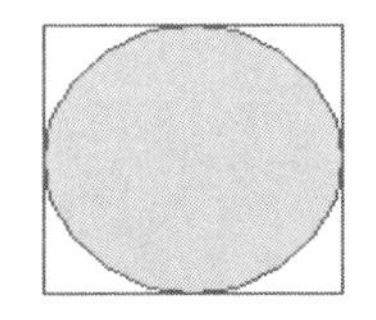

◎图 A-8　内切圆

参考程序代码如下。

```
1   import turtle
2   t = turtle.Pen()
3
4   t.pencolor('red')
5   t.fillcolor('yellow')
6   for x in range(4):
7       t.forward(100)
8       t.left(90)
9   t.forward(50)
10  t.begin_fill()
11  t.circle(50)
12  t.end_fill()
13  t.hideturtle()
```

题目 27　输出九九乘法表

请编写程序实现输出如图 A-9 所示的九九乘法表。九九乘法表一共分 9 行输出，并要求排版整齐。

提示：能将多个输出自动对齐。

输入：无。

样例输出：如图 A-9 所示。

```
1*1=1
1*2=2  2*2=4
1*3=3  2*3=6  3*3=9
1*4=4  2*4=8  3*4=12 4*4=16
1*5=5  2*5=10 3*5=15 4*5=20 5*5=25
1*6=6  2*6=12 3*6=18 4*6=24 5*6=30 6*6=36
1*7=7  2*7=14 3*7=21 4*7=28 5*7=35 6*7=42 7*7=49
1*8=8  2*8=16 3*8=24 4*8=32 5*8=40 6*8=48 7*8=56 8*8=64
1*9=9  2*9=18 3*9=27 4*9=36 5*9=45 6*9=54 7*9=63 8*9=72 9*9=81
```

◎图 A-9　九九乘法表

参考程序代码如下。

```
1  for y in range(1, 10):
2      for x in range(1, y+1):
3          print("{}*{}={:<2}".format(x,y,y*x),end=' ')
4      print()
```

题目 28　绘制扇子

以坐标点（0,0）为起点绘制一把扇子，扇面和扇把都是三分之一扇形，扇面的半径为 150，扇把的半径为 30。如图 A-10 所示。

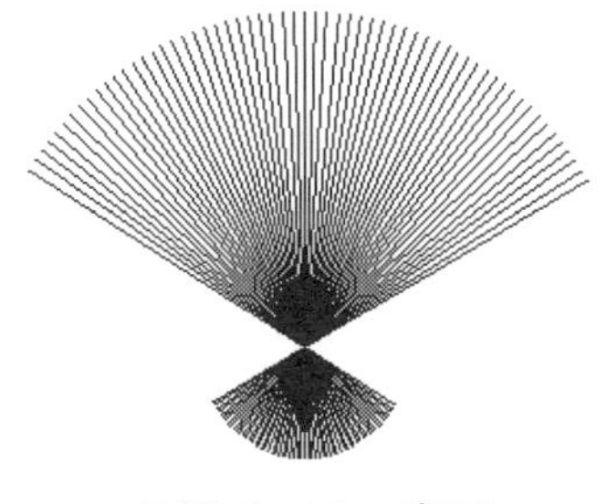

◎图 A-10　扇子

绘制要求如下。

（1）背景为白色，画笔为黑色，线宽为 1，扇子打开的角度为 120 度。

（2）坐标点（0,0）为构成扇子的所有线段的相交点。

（3）绘制过程中隐藏画笔，能清楚地看到扇子绘制过程。

参考程序代码如下。

```
1   import turtle
2   t = turtle.Pen()
3   t.left(30)
4   t.speed(0)
5   t.hideturtle()
6   for n in range(60):
7       t.backward(30)
8       t.pendown()
9       t.forward(180)
10      t.penup()
11      t.backward(150)
12      t.left(2)
```

题目 29　输出字符长方形

输入一个正整数 N（$3<N<30$），然后输出 N 排 N 列星号（*）。

样例输入：（以下以“　　”为背景的信息是程序输出内容。）

请输入一个正整数 N：5

样例输出：如图 A-11 所示。

```
*****
*****
*****
*****
*****
```

◎图 A-11　字符长方形

参考程序代码如下。

```
1  N = int(input(" 请输入一个正整数 N: "))
2  for y in range(N):
3      for x in range(N):
4          print("*", end='')
5      print()
```

题目 30　输出满足条件的自然数

按照从小到大的顺序输出满足以下条件的 10 个自然数。

它们是质数，且被 3 除余 2，被 7 除余 6，被 11 除余 10，被 17 除余 16，被 23 除余 22。

输入：无。

输出：10 行，每行一个符合题目要求的自然数，按从小到大的顺序输出。

参考程序代码如下。

```
1   num = 90320
2   index = 1
3   while index != 11:
4       if (num % 3 == 2 and num % 7 == 6 and num % 11 == 10 and num % 17 ==
            16 and num % 23 == 22):
5           for x in range(2, num//2+1):
6               if num % x == 0:
7                   break
8           else:
9               print(num)
10              index += 1
11      num += 90321
```

题目 31　将字母转成列表

用户输入 N 个字母（$3<N<10$），然后将用户输入的字母拆分成单

个元素放入列表中，且以列表的格式输出。

样例输入：

请输入 N 个字母：ABCDEF

样例输出：

['A','B','C','D','E','F']

参考程序代码如下。

```
1  c = input("请输入N个字母：")
2  print(list(c))
```

题目 32　绘制太阳

绘制出如图 A-12 所示的图形，要求如下。

（1）背景为白色。

（2）图形中间是边长为 50 的正十二边形，周围是等边三角形。正十二边形和等边三角形的填充颜色分别为红色、黄色。

（3）正十二边形的上下两条边要求与 x 轴方向平行。

（4）绘图过程中隐藏画笔，能清楚地看到图形绘制过程。

◎图 A-12　太阳

参考程序代码如下。

```
1   import turtle
2   t = turtle.Pen()
3   t.hideturtle()
4   t.left(60)
5   t.color("yellow", "yellow")
6   t.begin_fill()
7   for n in range(12):
8       t.forward(50)
9       t.right(120)
10      t.forward(50)
11      t.left(90)
12  t.end_fill()
13
14  t.right(60)
15  t.color("red", "red")
16  t.begin_fill()
17  for m in range(12):
18      t.forward(50)
19      t.right(30)
20  t.end_fill()
```

题目 33　液晶显示输出

在液晶显示屏上，每个阿拉伯数字可以显示成 3 × 5 的点阵（如图 A-13 所示，其中 x 表示亮点，空格表示暗点）。现在给出一串数字且数字位数不超过 100，要求输出这些数字在液晶显示屏上的效果。数字的显示方式如同样例输出，注意每两个数字间都有一列间隔。

样例输入：

123456789

样例输出：如图 A-13 所示。

```
x xxx xxx x x xxx xxx xxx xxx xxx
x   x   x x x x   x     x x x x x
x xxx xxx xxx xxx xxx     x xxx xxx
x x     x   x     x x x   x x x   x
x xxx xxx   x xxx xxx     x xxx xxx
```

◎图 A-13　数字在液晶显示屏上的效果

参考程序代码如下。

```
1   num0 = ['xxx', 'x x', 'x x', 'x x', 'xxx']
2   num1 = ['  x', '  x', '  x', '  x', '  x']
3   num2 = ['xxx', '  x', 'xxx', 'x  ', 'xxx']
4   num3 = ['xxx', '  x', 'xxx', '  x', 'xxx']
5   num4 = ['x x', 'x x', 'xxx', '  x', '  x']
6   num5 = ['xxx', 'x  ', 'xxx', '  x', 'xxx']
7   num6 = ['xxx', 'x  ', 'xxx', 'x x', 'xxx']
8   num7 = ['xxx', '  x', '  x', '  x', '  x']
9   num8 = ['xxx', 'x x', 'xxx', 'x x', 'xxx']
10  num9 = ['xxx', 'x x', 'xxx', '  x', 'xxx']
11
12  num = [num0, num1, num2, num3, num4, num5, num6, num7, num8, num9]
13  strings = input()
14  for i in range(5):
15      for string in strings:
16          print(num[eval(string)][i], end=' ')
17      print()
```

题目 34　分形树

用 turtle 画分形树，如图 A-14 所示。要求如下。

（1）树木主干向上生长。

（2）分形层数为 4，且为二叉树。

（3）第一层树枝长度为 60，逐层减 6。

（4）左右树枝的倾斜角度不限，最终效果与图 A-14 大致相同即可。

（5）必须能看出绘图过程。

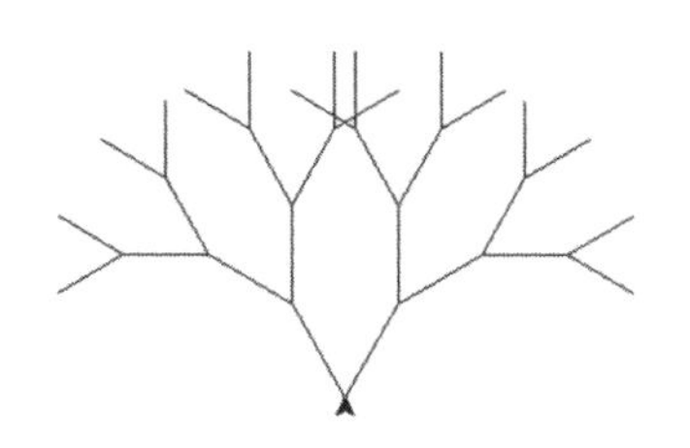

◎图 A–14　分形树

参考程序代码如下。

```
import turtle
t = turtle.Pen()
t.left(90)
def draw(l, n):
if n > 0:
    t.left(30)
    t.forward(l)
    draw(l-6, n-1)
    t.backward(l)
    t.right(2*30)
    t.forward(l)
    draw(l-6, n-1)
    t.backward(l)
    t.left(30)
n = 4
l = 60
draw(l, n)
```

题目 35　水下探测器

水下探测器可以潜入湖中在任意水深处进行科学探索。

（1）湖水的最大深度，即湖底到水面的最大距离为 h 米，$0 \leqslant h \leqslant 100$。

（2）当水下探测器不在水面（当前深度大于 0）时，每个 u 指令可使它上浮 1 米；而当水下探测器在水面时，u 指令是无效的。

（3）当探测器不在湖底（当前深度小于 h）时，每个 d 指令可以使

它下沉 1 米；而当探测器在湖底时，d 指令是无效的。

（4）在执行无效指令时，探测器不做任何操作而继续执行下一条指令。

（5）深度初始值为 0，表示水面。

输入：文件 depth.in.txt。

水深 h 和连续操作指令。

水深不超过 100 米，$0 \leqslant h \leqslant 100$。

操作指令字符串长度不超过 100，仅包含字母 u 或 d，如 uduudd。

水深和操作指令字符串以空格分开，如 9 uduudd。

输出：文件 depth.out.txt。

代表探测器从水面开始，在执行一系列指令后在水下的深度。

样例输入：

9 uduudd

样例输出：

2

参考程序代码如下。

```
1  def read_file(filename):
2      content = ''
3      with open(filename, 'r') as f:
4          content = f.read()
5      return content
6  def write_file(filename, content):
7      with open(filename, 'w') as f:
8          f.write(content)
9  height, orders = read_file('depth.in.txt').split(' ')
```

```
10  h = 0
11  count = 1
12  for order in orders:
13      print("{} order is: {}".format(count, order), end="--")
14      if order == 'u' and h != 0:
15          h -= 1
16      elif order == 'd' and h != int(height):
17          h += 1
18      else:
19          print()
20      count += 1
21  write_file('depth.out.txt', str(h))
```

题目 36　英文文章加密

把一篇英文文章中的全部英文字母加密，加密规则如下。

（1）将所有英文字母变成数字（ASCII）。

（2）空格、换行符和标点符号不变。

加密后输出新文件。

输入：文件 encrypt.in.txt，一篇英文文章，大小写不定。

输出：文件 encrypt.out.txt，按规则加密后的文件，所有英文字母变成对应的加密数字。

注意，不要考虑多行问题，直接用 read() 函数返回整段字符串，整段处理，整段输出。

判断是否为字母的方法如下。

```
1  letter='a'
2  if letter.isalpha():
3  print("this is a letter")
4  #output
5  #this is a letter
6  >>> a='A'
```

```
7   >>> ord(a)
8   65
9   >>> b='a'
10  >>> ord(b)
11  97
```

字母 A 的 ASCII 值为 65，a 的 ASCII 值是 97。

样例输入：

The Zen of Python, by Tim Peters

Beautiful is better than ugly.

Explicit is better than implicit.

Simple is better than complex.

Complex is better than nested.

Sparse is better than dense.

Readability counts.

Special cases aren't special enough to break the rules.

Although practicality beats purity.

Errors should never pass silently.

样例输出：

84104101 90101110 111102 80121116104111110, 98121 84105109 80101116101114115

6610197117116105102117108 105115 98101116116101114 11610497110 117103108121.

6912011210810599105116 105115 98101116116101114

11610497110 10510911210810599105116.

83105109112108101 105115 98101116116101114 11610497110 99111109112108101120.

67111109112108101120 105115 98101116116101114 11610497110 110101115116101100.

8311297114115101 105115 98101116116101114 11610497110 100101110115101.

82101971009798105108105116121 99111117110116115.

83112101991059710899971151011159711410111 0'116 115112101991059710810111010111117103104 116111.

98114101971071161041011141171081011151 15.

6510811610411111710310411211497991161059997108105116121 981019711611511211711410511612 1.

69114114111114115 115104111117108100 110101118101114 11297115115 1151051081011101161081 21.

参考程序代码如下。

```
with open("encrypt.in.txt", "r") as f:
    content = f.read()
result = ''
for letter in content:
    if letter.isalpha():
        result += str(ord(letter))
    else:
        result += letter
with open("encrypt.out.txt", "w") as f:
    f.write(result)
```

题目 37　偷吃苹果

小明同学在新年第一天得到了妈妈给的一个苹果，他就去帮妈妈把碗洗了，妈妈很高兴，之后每天早上妈妈都会给他一个苹果。小明舍不得吃苹果，把苹果都放在冰箱里。每逢双数天的下午，爸爸都会来偷吃小明的苹果，偷吃的数量是当天天数的最后一位数字。如第 4 天偷吃 4 个，第 6 天偷吃 6 个，第 10 天就偷吃 0 个（没偷吃）。

妈妈发现后，马上把减少的苹果补上。

如果爸爸把苹果吃光了，那就补给小明当天被吃掉苹果的双倍。

如果没有吃光，就补上剩下苹果的 1/2（如果不能整除，就只保留整数部分，至少补一个苹果）。

当天下午刚被偷吃就补（例如，第二天下午，两个苹果都被吃光了，马上补当天吃掉的两倍，就是补 4 个苹果，这样第二天晚上就有 4 个苹果）。

如果没有偷吃，就不补。

来帮小明算算，到第 n（$n<366$）天的晚上，还有多少苹果？表 A-2 所示是前 4 天的苹果数。

表 A-2　前 4 天的苹果数

第 n 天	n=1	n=2	n=3	n=4
早上发苹果	1	1	1	1
中午苹果总数	1	2	5	6
下午爸爸偷吃		2		4
下午妈妈补		4		1
晚上苹果总数	1	4	5	6-4+1=3

输入：文件 apple.in.txt，第一天中午的苹果数和第 n 天，用空格分开。

输出：文件 apple.out.txt，第 n 天晚上的苹果数。

样例输入：

1　2

样例输出：

4

参考程序代码如下。

```
1   with open("apple.in.txt", "r") as f:
2       _, n = f.read().split(" ")
3   noon = 0
4   noons = [0]
5   n = int(n)
6   for i in range(1, n+1):
7       noon += 1
8       if i % 2 == 0:
9           dad = i % 10
10          eat_before = noon
11          noon -= dad
12          if dad != 0:
13              if noon <= 0:
14                  noon = 0
15                  dad = eat_before
16                  mum = dad*2
17                  noon += mum
18              else:
19                  mum = noon//2
20                  noon += mum
21  noons.append(noon)
22  with open("apple.out.txt", "w") as f:
23      f.write(f"{noons[n]}")
```

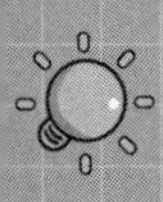

题目 38　字母出现的次数

连续输入由英文字母组成的 3 行文字（每行文字不少于 10 个字符，中间有空格和英文标点符号），按 Enter 键结束一行文字的输入。然后统计这 3 行文字中每个字母出现的次数（不区分大小写），并以如样例所示的方式输出拼接在一起的 3 行文字和各个字母出现的次数（没有出现的字母不输出）。

输入：

3 行英文文字，每行文字的输入以 Enter 键结束。

输出：

将输入的 3 行文字拼接在一起输出。

换行，输出文字中出现的英文字母（不区分大小写）的大写，且按字母表顺序排序，相邻字母间距相同。

再换行，在大写字母下方输出其在文字中出现的次数。

样例输入：

（以下以“　　　”为背景的信息是程序输出内容。）

请输入第 1 行英文文字: I love you, my baby.

请输入第 2 行英文文字: You are a good boy.

请输入第 3 行英文文字: We are very happy with you.

样例输出：

I love you, my baby. You are a good boy. We are very happy with you.

A　B　D　E　G　H　I　L　M　O　P　R　T　U　V　W　Y

5　3　1　5　1　2　2　1　1　7　2　3　1　3　2　2　8

参考程序代码如下。

```
1   line1 = input("请输入第 1 行英文文字：")
2   line2 = input("请输入第 2 行英文文字：")
3   line3 = input("请输入第 3 行英文文字：")
4   lines = line1+line2+line3
5   nums = []
6   newlines = []
7   for letter in lines:
8       if letter.isalpha():
9           letter = letter.upper()
10          newlines.append(letter)
11  singleletter = list(set(newlines))
12  singleletter.sort()
13  for letter in singleletter:
14      num = newlines.count(letter)
15      nums.append(num)
16  for letter in singleletter:
17      print('{:<3}'.format(letter), end='')
18  print()
19  for num in nums:
20      print('{:<3}'.format(num), end='')
```

题目 39　自动阅卷

打开一份数学试卷，自动批改对错，并自动计算总成绩。

输入内容为一行，每两题之间用空格分开，每道题中数字和符号间无空格。仅有整数和 +、-、*、= 符号，没有除号，没有小数，不会有其他字符。

阅卷要求如下。

（1）正确的题目不做处理。

（2）错误的题目后面显示正确答案，格式如 12*12=141（ANSWER：144）。

（3）不管有多少道题，满分为 100，每题分值相同。

（4）行末显示总分，只保留整数，不做四舍五入（如共 3 题，对 2 题，总分为 66）。

（5）输出结果由 3 部分组成（题、题和答案、总分），每部分内部均无空格，各部分之间用空格隔开，输出结果仅一行。

样例输入 1：

1+1=2 4-3=1 5+5=10 12*12=141

样例输出 1：

1+1=2 4-3=1 5+5=10 12*12=141(ANSWER:144) score:75

样例输入 2：

1+1=2 4-3=1

样例输出 2：

1+1=2 4-3=1 score:100

参考程序代码如下。

```
1  maths = input().split(' ')
2  right_count = 0
3  for math in maths:
4      expression, result = math.split('=')
5      if eval(expression) == eval(result):
6          right_count += 1
7          print(math, end=' ')
8      else:
```

```
9           print('{}(ANSWER:{})'.format(math, eval(expression)), end=' ')
10      print('score:{}'.format(right_count*100//len(maths)))
```

题目 40　7 的倍数但非 5 的倍数

分别输入两个正整数 M、N，输出 M 到 N 之间（含 M、N）所有是 7 的倍数但不是 5 的倍数的数字，并以逗号分隔，按顺序输出在一行。

输入：两个正整数 M、N。

输出：M 到 N 之间（含 M、N）所有是 7 的倍数但不是 5 的倍数的数字，并以逗号分隔，按顺序输出在一行。

样例输入：

100

147

样例输出：

112，119，126，133，147

参考程序代码如下。

```
1   M=int(input())
2   N=int(input())
3   lis=[]
4   flag=1
5   if N<M:
6       flag=-1
7   for i in range(M,N+1,flag):
8       if i%7==0 and i%5!=0:
9           lis.append(i)
10  print(*lis,sep=',')
```

题目 41　小球反弹

一个小球从 n 米高的地方自由落下，每次落地后反弹至原高度的一半，再落下。求第 10 次反弹至多高，及从初始落下到第 10 次反弹到最高点时（不含第 10 次落下经过的距离）一共经过了多少米?

样例输入：

1024

样例输出：

1.0

3069.0

参考程序代码如下。

```
1  n=int(input())
2  distance=0
3  for i in range(10):
4      distance+=n
5      h=n/2
6      distance+=h
7      n=h
8  print(h)
9  print(distance)
```

题目 42　满足条件的四位数

给定若干个四位数，求出其中满足以下条件的数的个数：个位数上的数字减去千位数上的数字，再减去百位数上的数字，最后减去十位数上的数字的结果大于零。

输入：输入内容为两行，第一行为四位数的个数 n（$n \leqslant 100$），第二行为具体的 n 个四位数，数与数之间以一个空格分开。

输出：输出结果为一行，包含一个整数，表示满足条件的四位数的个数。

样例输入：

5

1234 1349 6119 2123 5017

样例输出：

3

参考程序代码如下。

```
1  n = input()
2  numlist = list(input().split(" "))
3  count = 0
4  for num in numlist:
5      if eval(num[3])-eval(num[2])-eval(num[1])-eval(num[0]) > 0:
6          count += 1
7  print(count)
```

题目 43　角谷猜想

所谓角谷猜想，是指对于任意一个正整数，如果是奇数，则乘 3 加 1，如果是偶数，则除以 2，得到的结果再按照上述规则重复处理，最终总能够得到 1。例如，假定初始正整数为 5，计算过程中所得的数分别为 16,8,4,2,1。程序要求输入一个正整数，将该数经过处理得到 1 的过程输出。

输入：一个正整数 N（$N \leqslant 2000000$）。

输出：从输入整数到得到 1 的步骤，每一步为一行，每一步中描述计算过程，最后一行输出 End。如果输入 1，则直接输出 End。

样例输入：

5

样例输出：

5*3+1=16

16/2=8

8/2=4

4/2=2

2/2=1

End

参考程序代码如下。

```
1  N=int(input())
2  while N!=1:
3      if N%2==1:
4          print('{}*3+1='.format(N),N*3+1)
5          N=N*3+1
6      else:
7          print('{}/2='.format(N),N//2)
8          N=N//2
9  print('End')
```

题目 44　随机整数出现的次数

生成 N 个 0 到 100 之间的随机整数，统计其中各个整数出现的次数，按照从高到低的顺序（不包括出现次数为 0 的整数）将出现次数输出。

输入：生成 N 个随机整数。

输出：N 组数据，每组内的数据用逗号隔开，每组数据包含两个数，前者是整数，后者是该整数出现的次数，二者中间用空格隔开，将 N 组数据按次数从高到低顺序排列。

样例输入：

N : 8

样例输出：

整数，43　次数，2

整数，25　次数，1

整数，41　次数，1

整数，42　次数，1

整数，70　次数，1

整数，78　次数，1

整数，79　次数，1

参考程序代码如下。

```
1   import random
2
3   scores = []
4   nums = []
5   N = eval(input("N: "))
6   for i in range(N):
7       scores.append(random.randint(0, 100))
8   for j in range(101):
9       nums.append(0)
10  for score in scores:
11      nums[score] += 1
12  results = []
13  for num in range(1, 101):
```

```
14	    if nums[num] != 0:
15	        results.append((num, nums[num]))
16	results.sort(key=lambda x: x[1], reverse=True)
17	for k in range(len(results)):
18	    print("整数，{:<3} 次数，{:<}".format(results[k][0], results[k][1]))
```

题目 45　出现最多的字母

给定一个由 a ~ z 这 26 个字母组成的字符串，统计其中哪个字母出现的次数最多。

输入：输入内容为一行，包括一个字符串，字符串长度不超过 1000。

输出：输出结果为一行，包括出现次数最多的字母和该字母出现的次数，中间以一个空格分开。如果有多个字母出现的次数相同且最多，那么输出 ASCII 值最小的那一个字母。

样例输入：

abbccc

样例输出：

c 3

参考程序代码如下。

```
1	words = input()
2	bucket = []
3	max_times = 0
4	for i in range(26):
5	    bucket.append(0)
6	for word in words:
7	    idx = ord(word)-97
8	    bucket[idx] += 1
```

```
9   for j in range(26):
10      if bucket[j] > max_times:
11          max_times = bucket[j]
12          max_idx = j
13  idxs = []
14  for k in range(26):
15      if bucket[k] == max_times:
16          idxs.append(k)
17  for idx in idxs:
18      print(chr(idx+97), max_times)
```

题目 46 输出指定数对 1000 取模的结果

斐波那契数列的第一个和第二个数都为 1，接下来每个数都等于前面两个数之和。输入一个正整数 a，要求输出斐波那契数列中的第 a 个数对 1000 取模的结果。

输入：一个正整数 a。

输出：一个正整数，为斐波那契数列中第 a 个数对 1000 取模的结果。

样例输入：

19

样例输出：

181

参考程序代码如下。

```
1   a = eval(input())
2   lis = [1, 1, 2]
3   i = 2
4   while i != a:
```

```
5        num = lis[i-2]+lis[i-1]
6        lis.append(num)
7        print(lis)
8        i += 1
9    print(lis[a-1] % 1000)
```

题目 47　加油站

某人打算在“五一”假期骑摩托车自驾游。摩托车每次加满油后可以行驶 100 千米。他在附近的加油站加满油后就出发了，出发之后还会按顺序经过 1 ~ 6 号 6 个加油站，每个加油站到下一个加油站的距离分别为 50 千米、80 千米、39 千米、60 千米、40 千米、32 千米。因为“五一”期间加油站人很多，所以他希望尽量减少加油的次数。请求出他在哪些加油站停靠加油（每次都加满）才能使得沿途加油次数最少。注意，到达一个加油站时，如果摩托车剩下的油不够行驶到下一个加油站，就必须要在这个加油站加油了。

提示：他需要在第一个加油站加油（因为从第一个加油站到第二个加油站还有 80 千米，而摩托车的油只够再骑 50 千米了）。

参考程序代码如下。

```
1    distance = [50, 80, 39, 60, 40, 32]
2    park = [0, 0, 0, 0, 0, 0]
3    left = 100
4    for i in range(len(distance)):
5        if(left < distance[i]):
6            park[i-1] = 1
7            left = 100
8            print("请在{}停靠".format(i))
```

```
9        else:
10           left = left-distance[i]
11           i += 1
```

题目 48　门的开与关

宾馆里有 100 个房间，按 1 ~ 100 编了号。第一个服务员把所有的房间门都打开了，第二个服务员把所有编号是 2 的倍数的房间门做“相反处理”，第三个服务员把所有编号是 3 的倍数的房间门做“相反处理”，依此类推。当第一百个服务员处理后，哪几扇门是打开的？（所谓“相反处理”是指将原来开着的门关上，将原来关上的门打开。）

参考程序代码如下。

```
1    onoff = [0 for i in range(101)]
2    for x in range(1, 101):
3        for y in range(1, 101):
4            if y % x == 0:
5                onoff[y] = int(not onoff[y])
6    for roomnum in range(1, 101):
7        if onoff[roomnum]:
8            print(roomnum)
```

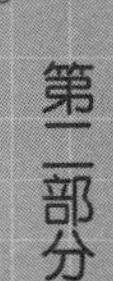

题目 49　旋转多边形

用 turtle 绘制旋转多边形，具体要求如下。

（1）画笔颜色任意选择，粗细为 3。

（2）以坐标（0,0）作为图中三角形的某个顶点，绘制出如图 A-15 所示的图案。

（3）该图案中图形的每条边的边长为 40，图案中每个图形的边数为 3,5,7,⋯,19。

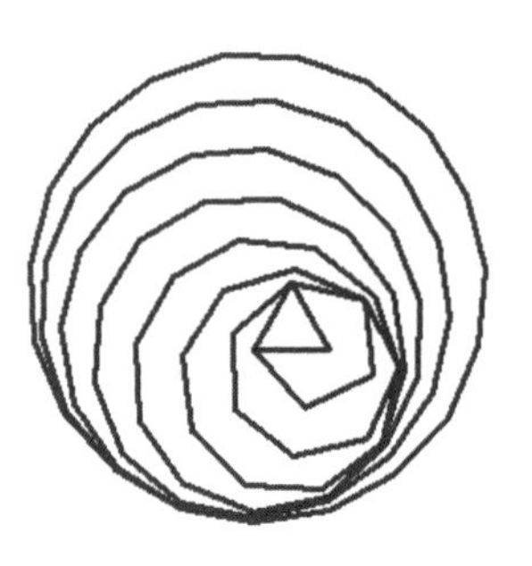

◎图 A-15　旋转多边形

参考程序代码如下。

```
1   import turtle
2   t = turtle.Pen()
3
4   t.hideturtle()
5   t.pensize(3)
6   t.pencolor('blue')
7   t.left(180)
8   for n in range(3, 21, 2):
9       for i in range(n):
10          t.right(360/n)
11          t.forward(40)
12      t.right(360/n)
13      t.forward(40)
```

题目 50　加区号

某地的固定电话区号（0516）需要加在要拨打的 8 位电话号码前。

输入：输入内容为一行，连续 8 个数字。

输出：输出结果为一行，“区号 -8 个数字”。

（以下以“　　　　”为背景的信息是程序输出内容。）

样例输入:

请输入 8 位电话号码: 35879022

样例输出:

0516-35879022

参考程序代码如下。

```
1    nums=input("请输入8位电话号码: ")
2    print("0516-"+nums)
```

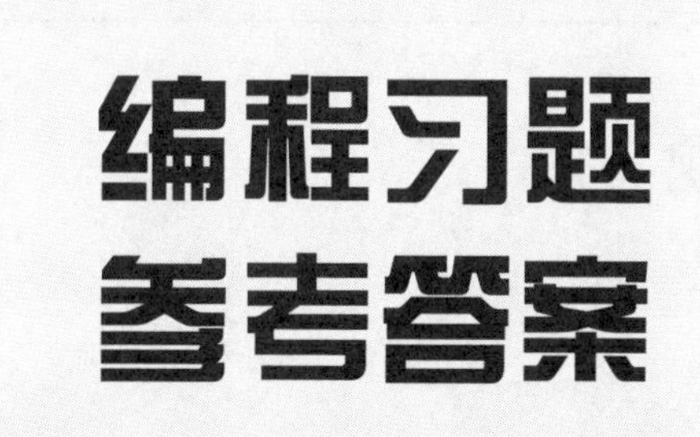
编程习题
参考答案

2.4 编程习题

（1）A（2）B（3）A（4）D（5）D

（6）

a.

```
a = 3
print(float(a))
```

b.

```
a = 3.2
print(int(a))
```

3.5 编程习题

（1）False

（2）

当输入 6 时，输出结果为 yellow；

当输入 8 时，输出结果为 red；

else 的条件是 x > 8 and x <= 22 或 x < 8 and x >= 6。

（3）

从上到下依次填入：B、C、A、E

4.5 编程习题

（1）

```
for i in range(1, 101) :
        print(i)
```

（2）

```
1  i = 1
2  while i < 101:
3        print(i)
4        i += 1
```

（3）

```
1  n = int(input())
2  for i in range(n + 1):
3         if i % 7 == 0 and i % 8 != 0:
4                print(i)
```

（4）

```
1  a = int(input())
2  total = 0
3  for i in range(4) :
4         b = a
5         for j in range(i):
6                b = b * 10 + a
7         total += b
8  print(total)
```

5.6 编程习题

（1）

```
1   n = int (input ());
2   t = 0;
3   if n == 1 :
4       print ("monday");
5   elif n == 2 :
6       print ("tuesday");
7   elif n == 3 :
8       print ("wednesday");
9   elif n == 4 :
10      print ("thursday");
11  elif n == 5:
12      print ("friday");
```

```
13  elif n == 6:
14      print ("saturday");
15  elif n == 7:
16      print ("sunday");
17  else :
18      print ("error input");
```

(2)

```
1   year = int (input ())
2   month = int (input ())
3   if month == 2 :
4      if ( (year % 4 == 0 and (year % 100) != 0) or (year % 400 == 0)) :
5         print ("29")
6      else:
7         print ("28")
8   else:
9      if (month == 1 or month == 3 or month == 5 or month == 7 or month
10  == 8 or month == 10 or month == 12):
11          print ("31")
12     else:
13          print ("30")
```

(3)

```
1   n = int (input ())
2   a = [0];
3   sum = [0];
4   for i in range (1,n+1):
5      a.append (int (input ()));
6      sum.append (a [i]+sum [i-1]);
7   m = int (input ())
8   for i in range (0,m):
9      l = int (input ());
10     r = int (input ());
11     print (sum [r]-sum [l-1]);
```

(4)

```
1   names = [];
2   names.append ("Ada");
3   names.append ("LiLei");
4   names.append ("Ray");
```

5	names.append ("Jack");
6	names.append ("Cindy");
7	names.append ("Puppy");
8	names.append ("Black");
9	print (names)

(5)

1	names = [1,2,3,4,5,6,7];
2	print (names)
3	print (names [0:6:2])

6.10 编程习题

(1)

```
1  def myfunc(x):
2      y = []
3      for i in x:
4          if i%2 == 1:
5              y.append(i)
6      return y
7
8  nums = [12,33,54,8,91,77,60]
9  print(myfunc(nums))
```

(2)

```
1  def func2():
2      for i in range(100,1000):
3          a = i // 100
4          b = (i-a*100) // 10
5          c = (i-a*100-b*10)
6          if i == pow(a,3)+pow(b,3)+pow(c,3):
7              print(i)
8  func2()
9  #执行结果如下
10 153
11 370
12 371
13 407
```

7.5 编程习题

（1）

```
1   from datetime import datetime
2   import time
3
4   # 从键盘输入出生日期
5   birthdate = input(" 请输入您的出生日期，格式如 2017-11-20:  ")
6   # 把出生日期转换成时间戳（即从标准时间开始所经过的秒数）
7   btime = time.mktime(time.strptime(birthdate,"%Y-%m-%d"))
8   # 得到系统当前时间戳，放入 now 变量中
9   now = time.time()
10  # 两个时间戳相减得到已出生的秒数，除以一年的秒数，得到年龄
11  print(" 您的年龄是：", (int)(now - btime) // (365*24*3600))
```

（2）

```
1   import random
2
3   numbers = ['2','3','4','5','6','7','8','9']
4   authcode=random.choice(numbers) + random.choice(numbers) +
             random.choice(numbers) + random.choice(numbers)
5   print(" 您的验证码是 ",authcode, "，十分钟内输入有效。")
```